MOS

國際認證應考指南

Microsoft Excel Associate

Exam MO-200

MO-200 : Microsoft Excel (Excel and Excel 2019)

序

　　這一年多來的疫情，委實讓民眾的作息與活動受到了重大的影響，就連學校的學習方式也有了極大的改變，但是提升職能與技術是不分環境與氛圍的。2021 年，最新版本的 MOS 專家認證也悄然上市，有心突破自己並強化軟體技能的朋友們，趁著減緩社交活動的契機，撥點時間研讀與實作模擬考題，以取得這項知名的國際證認，是非常值得的。

　　試算表軟體的運用，可說是學界的師生、職場上的工作者們，不論系所、行業、職別，都會接觸與涉獵到的應用程式，尤其在大數據的時代，資料處理、數據分析、報表的製作與視覺化，已經是不可避免的基礎技能，Excel 是這方面的箇中翹楚，為了證明自己在此領域的能力與技術，參加微軟 MOS Excel 2019 的認證，自然應該可以排列在您參與證照考試的首選。

　　本書是模擬 MOS 實際認證考試的出題方針，以及評量技術重點所設計的系列模擬考題，筆者盡力做到擬真的目標，只要讀者仔細研讀並實作每一個考題，對於不熟悉的題型，可以根據每個解題步驟反覆練習，一定可以輕鬆通過考試取得認證，甚至獲得千分 (滿分) 也絕對不是夢。

　　任何的考試解題，首重在確實瞭解題目的意思，只要能理解問題的敘述與需求，就比較容易掌控回答的方向、解題的選項和方式。由於 MOS 是國際認證，為了迎合各國和各種版本的需要，題目的敘述或有詞彙不順的可能性，但原廠的考題已經在每一屆、每一版都有非常大幅度正面的改善，身為考者也應該培養出解讀題意的能力，期望這本著作能對您在國際認證考試之旅有些許助益，也獻上筆者無限的祝福。

王仲麒

2021/3/17 台北

01

Microsoft Office Specialist
國際認證簡介

02

細說 MOS 測驗操作介面

03

模擬試題 I

04

模擬試題 II

05

模擬試題 III

Chapter

01

Microsoft Office Specialist
國際認證簡介

Microsoft Office 系列應用程式是全球最為普級的商務應用軟體，不論是 Word、Excel 還是 PowerPoint 都是家喻戶曉的軟體工具，也幾乎是學校、職場必備的軟體操作技能。即便坊間關於 Office 軟體認證種類繁多，但是，Microsoft Office Specialist (MOS) 認證才是 Microsoft 原廠唯一且向國人推薦的 Office 國際專業認證。取得 MOS 認證除了表示具備 Office 應用程式因應工作所需的能力外，也具有重要的區隔性，可以證明個人對於 Microsoft Office 具有充分的專業知識以及實踐能力。

1-1 關於 Microsoft Office Specialist (MOS) 認證

Microsoft Office Specialist(微軟 Office 應用程式專家認證考試)，簡稱 MOS，是 Microsoft 公司原廠唯一的 Office 應用程式專業認證，是全球認可的電腦商業應用程式技能標準。透過此認證可以證明電腦使用者的電腦專業能力，並於工作環境中受到肯定。即使是國際性的專業認證、英文證書，但是在試題上可以自由選擇語系，因此，在國內的 MOS 認證考試亦提供有正體中文化試題，只要通過 Microsoft 的認證考試，即頒發全球通用的國際性證書，取電腦專業能力的認證，以證明您個人在 Microsoft Office 應用程式領域具備充分且專業的知識與能力。

取得 Microsoft Office 國際性專業能力認證，除了肯定您在使用 Microsoft Office 各項應用軟體的專業能力外，亦可提昇您個人的競爭力、生產力與工作效率。在工作職場上更能獲得更多的工作機會、更好的升遷契機、更高的信任度與工作滿意度。

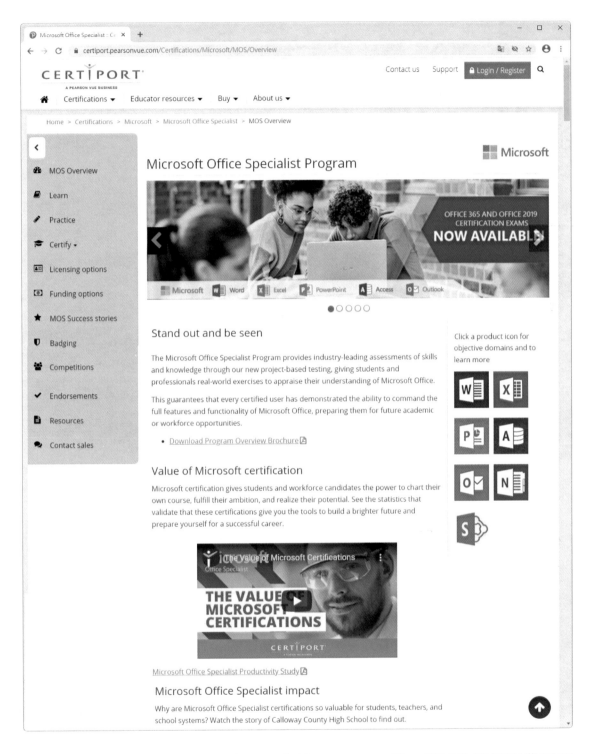

Certiport 是為全球最大考證中心，也是 Microsoft 唯一認可的國際專業認證單位，參加 MOS 的認證考試必須先到網站進行註冊。

1-2 MOS 最新認證計劃

MOS 是透過以專案為基礎的全新測驗，提供了在各行業、各領域中所需的 Office 技能和知識評估。在測驗中包括了多個小型專案與任務，而這些任務都模擬了職場上或工作領域中 Office 應用程式的實務應用。經由這些考試評量，讓學生和職場的專業人士們，以情境式的解決問題進行測試，藉此驗證考生們對 Microsoft Office 應用程式的功能理解與運用技能。通過考試也證明了考生具備了相當程度的操作能力，並在現今的學術和專業環境中為考生提供了更多的競爭優勢。

眾所周知 Microsoft Office 家族系列的應用程式眾多，最廣為人知且普遍應用於各職場環境領域的軟體，不外乎是 Word、Excel、Power Point、Outlook 及 Access 等應用程式。而這些應用程式也正是 MOS 認證考試的科目。但基於軟體應用層面與功能複雜度，而區分為 Associate 以及 Expert 兩種程度的認證等級。

Associate 等級的認證考科

Associate 如同昔日 MOS 測驗的 Core 等級，評量的是應用程式的核心使用技能，可以協助主管、長官所交辦的文件處理能力、簡報製作能力、試算圖表能力，以及訊息溝通能力。

W🗐 Word Associate	Exam MO-100 將想法轉化為專業文件檔案
X🗐 Excel Associate	Exam MO-200 透過功能強大的分析工具揭示趨勢並獲得見解
P🗐 PowerPoint Associate	Exam MO-300 強化與觀眾溝通和交流的能力
O🖂 Outlook Associate	Exam MO-400 使用電子郵件和日曆工具促進溝通與聯繫的流程

只要考生通過每一科考試測驗，便可以取得該考科認證的證書。例如：通過 Word Associate 考科，便可以取得 Word Associate 認證；若是通過 Excel Associate 考科，便可以取得 Excel Associate 認證；通過 Power Point Associate 考科，就可以取得 Power Point Associate 認證；通過 Outlook Associate 考科，就可以取得 Outlook Associate 認證。這些單一科目的認證，可以證明考生在該應用程式領域裡的實務應用能力。

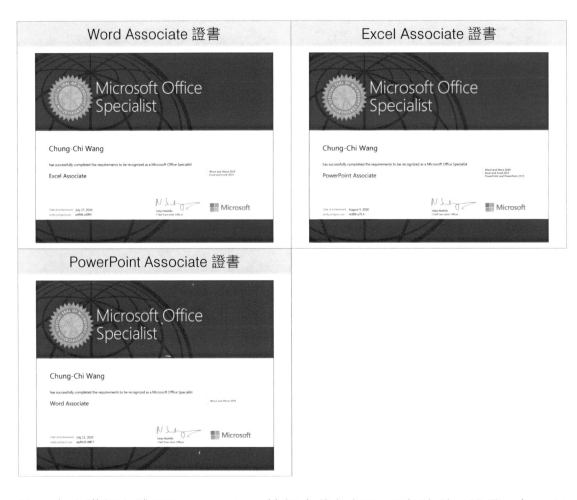

若是考生獲得上述四項 Accociate 等級中的任何三項考試科目認證，便可以成為 Microsoft Office Specialist- 助理資格，並自動取得 Microsoft Office Specialist - Associate 認證的證書。

Microsoft Office Specialist - Associate 證書

Expert 等級的認證考科

此外,在更進階且專業,難度也較高的評量上,Word 應用程式與 Excel 應用程式,都有相對的 Expert 等級考科,例如 Word Expert 與 Excel Expert。如果通過 Word Expert 考科可以取得 Word Expert 證照;若是通過 Excel Expert 考科可以取得 Excel Expert 證照。而隸屬於資料庫系統應用程式的 Microsoft Access 也是屬於 Expert 等級的難度,因此,若是通過 Access Expert 考科亦可以取得 Access Expert 證照。

W Word **Expert**	Exam MO-101 培養您的 Word 技能,並更深入文件製作與協同作業的功能
X Excel **Expert**	Exam MO-201 透過 Excel 全功能的實務應用來擴展 Excel 的應用能力
A Access **Expert**	Exam MO-500 追蹤和報告資產與資訊

若是考生獲得上述三項 **Expert** 等級中的任何兩項考試科目認證，便可以成為 Microsoft Office Specialist- 專家資格，並自動取得 Microsoft Office Specialist - Expert 認證的證書。

Microsoft Office Specialist - Expert 證書

1-3 證照考試流程

1. 考前準備：

參考認證檢定參考書籍，考前衝刺～

2. 註冊：

首次參加考試，必須登入 Certiport 網站 (http://www.certiport.com) 進行
註冊。註冊前請先準備好英文姓名資訊，應與護照上的中英文姓名相符，
若尚未有擁有護照或不知英文姓名拼字，可登入外交部網站查詢。註冊姓
名則為證書顯示姓名，請先確認證書是否需同時顯示中、英文再行註冊。

3. 選擇考試中心付費參加考試。

4. 即測即評，可立即知悉分數與是否通過。

認證考試登入程序與畫面說明

MOS 認證考試使用的是 Compass 系統，考生必須先到 Ceriport 網站申請帳號，在進入此 Compass 系統後便是透過 Certiport 帳號登入進行考試：

進入首頁後點按右上方的〔啟動測驗〕按鈕。

在歡迎參加測驗的頁面中，將詢問您今天是否有攜帶測驗組別 ID(Exam Group ID)，若有可將原本位於〔否〕的拉桿拖曳至〔是〕，然後，在輸入考試群組的文字方塊裡，輸入您所參與的考試群組編號，再點按右下角的〔下一步〕按鈕。

進入考試的頁面後，點選您所要參與的測驗科目。例如：Microsoft Excel(Excel and Excel 2019)。

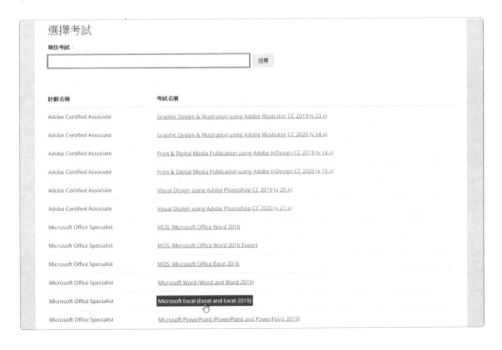

進入保密協議畫面，閱讀後在保密合約頁面點選下方的〔是，我接受〕選項，
然後點按右下角的〔下一步〕按鈕。

由考場人員協助，在確認考生與考試資訊後，請監考老師輸入監評人員密碼
及帳號，然後點按右下角的〔解除鎖定考試〕按鈕。

系統便開始自動進行軟硬體檢查及試設定，稍候一會通過檢查並完全無誤後點按右下角的〔下一步〕按鈕即可開始考試。

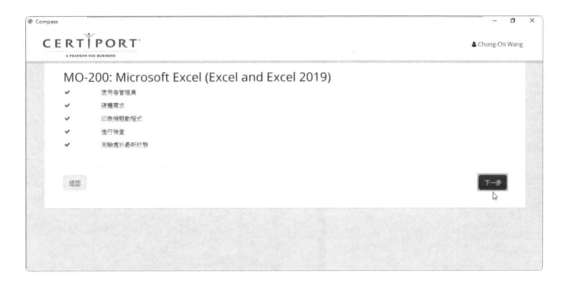

考試介面說明

考試前會有認證測驗的教學課程說明畫面，詳細介紹了考試的介面與操作提示，在檢視這個頁面訊息時，還沒開始進行考試，所以也尚未開始計時，看完後點按右下角的〔下一頁〕按鈕。

逐一看完認證測驗提示後，點按右下角的〔開始考試〕按鈕，即可開始測驗，50 分鐘的考試時間便在此開始計時，正式開始考試囉！

以 MO-200：Excel Associate 科目為例，進入考試後的畫面如下：

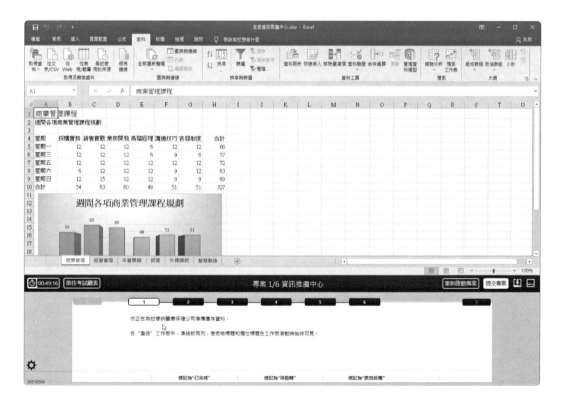

MOS 認證考試的測驗提示

每一個考試科目都是以專案為單位,情境式的敘述方式描述考生必須完成的每一項任務。以 Excel Associate 考試科目為例,總共有 6 個專案,每一個專案有 5~6 個任務必須完成,所以,在 50 分鐘的考試時間裡,要完成約莫 35 個任務。同一個專案裡的各項任務便是隸屬於相同情節與意境的實務情境,因此,您可以將一個專案視為一個考試大題,而該專案裡的每一個任務就像是考試大題的每一小題。大多數的任務描述都頗為簡潔也並不冗長,但要注意以下幾點:

1. 接受所有預設設定,除非任務敘述中另有指定要求。

2. 此次測驗會根據您對資料檔案和應用程式所做的最終變更來計算分數。您可以使用任何有效的方法來完成指定的任務。

3. 如果工作指示您輸入「特定文字」,按一下文字即可將其複製至剪貼簿。接著可以貼到檔案或應用程式,考生並不一定非得親自鍵入特定文字。

4. 如果執行任務時在對話方塊中進行變更,完成該對話方塊的操作後必須確實關閉對話方塊,才能有效儲存所進行的變更設定。因此,請記得在提交專案之前,關閉任何開啟的對話方塊。

5. 在測驗期間,檔案會以密碼保護。下列命令已經停用,且不需使用即可完成測驗:

- 說明
- 共用
- 新增
- 開啟
- 以密碼加密

如果要變更測驗面板和檔案區域的高度,請拖曳檔案與測驗面板之間的分隔列。

前往另一個工作或專案時,測驗會儲存檔案。

Chapter

02

細說 MOS 測驗
操作介面

全新設計的 **Microsoft 365** 暨 **Office 2019** 版本的 **MOS** 認證考試其操作介面更加友善、明確且便利。其中多項貼心的工具設計，諸如複製輸入文字、縮放題目顯示、考試總表的試題導覽，以及視窗面板的折疊展開和恢復配置，都讓考生的考試過程更加流暢、便利。

2-1 測驗介面操控導覽

考試是以專案情境的方式進行實作,在考試視窗的底部即呈現專案題目的各項要求任務 (工作),以及操控按鈕:

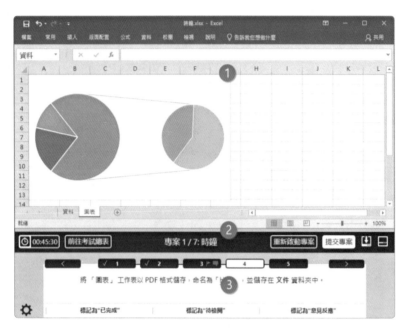

1 視窗上方:
試題檔案畫面

2 中間分隔列:
考試過程中的導覽工具

3 視窗下方:
測驗題目面板

● **視窗上方:試題檔案畫面**

即測驗科目的應用程式視窗,切換至不同的專案會自動開啟並載入該專案的資料檔案。

● **中間分隔列:考試過程中的導覽工具**

在此顯示考試的剩餘時間 (倒數計時) 外,也提供了前往考試題目總表、專案名稱、重啟目前專案、提交專案、折疊與展開視窗面板以及恢復視窗配置等工具按鈕。

● 碼表按鈕與倒數計時的時間顯示

顯示剩餘的測驗時間。若要隱藏或顯示計時器,可點按左側的碼表按鈕。

- 前往考試總表按鈕

  儲存變更並移至〔考試總表〕頁面，除了顯示所有的專案任務 (測驗題目) 外，也可以顯示哪些任務被標示了已完成、待檢閱或者待提供意見反應等標記。

- 重新啟動專案按鈕

  關閉並重新開啟目前的專案而不儲存變更。

- 提交專案按鈕

  儲存變更並移至下一個專案。

- 折疊與展開按鈕

  可以將測驗面板最小化，以提供更多空間給專案檔。如果要顯示工作或在工作之間移動，必須展開測驗面板。

- 恢復視窗配置按鈕

  可以將考試檔案和測驗面板還原為預設設定。

● **視窗下方：測驗題目面板**

  在此顯示著專案裡的各項任務工作，也就是每一個小題的題目。其中，專案的第一項任務，首段文字即為此專案的簡短情境說明，緊接著就是第一項任務的題目。而白色方塊為目前正在處理的專案任務、藍色方塊為專案裡的其他任務。左下角則提供有齒輪狀的工具按鈕，可以顯示計算機工具以及測驗題目面板的文字縮放顯示比例工具。在底部也提供有〔標記為 " 已完成 "〕、〔標記為 " 待檢閱 "〕、〔標記為 " 意見反應 "〕等三個按鈕。

測驗過程中，針對每一小題 (每一項任務)，都可以設定標記符號以提示自己針對該題目的作答狀態。總共有三種標記符號可以運用：

● **已完成**：由於題目眾多，已經完成的任務可以標記為「已完成」，以免事後在檢視整個考試專案與任務時，忘了該題目到底是否已經做過。這時候該題目的任務編號上會有一個綠色核取勾選符號。

● **待檢閱**：若有些題目想要稍後再做，可以標記為「待檢閱」，這時候題目的任務編號上會有金黃色的旗幟符號。

● **意見反應**：若您對有些題目覺得有意見要提供，也可以先標記意見反映，這時候題目的任務編號上會有淺藍色的圖說符號，您可以輸入你的意見。

只要前往新的工作或專案時，測驗系統會儲存您的變更，若是完成專案裡的工作，則請提交該專案並開始進行下一個專案的作答。而提交最後一個專案後，就可以開啟〔考試總表〕，除了顯示考試總結的題目清單外，也會顯示各個專案裡的哪些題目已經被您標示為 " 已完成 "，或者標示為 " 待檢閱 " 或準備提供 " 意見反應 " 的任務（工作）清單：

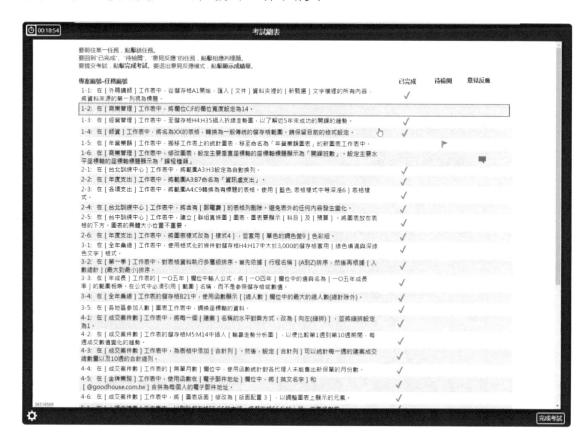

透過〔考試總表〕畫面可以繼續回到專案工作並進行變更，也可以結束考試、留下關於測驗項目的意見反應、顯示考試成績。

2-2 細說答題過程的介面操控

專案與任務 (題目) 的描述

在測驗面板會顯示必須執行的各項工作，也就是專案裡的各項小題。題目編號是以藍色方塊的任務編號按鈕呈現，若是白色方塊的任務編號則代表這是目前正在處理的任務。題目中有可能會牽涉到檔案名稱、資料夾名稱、對話方塊名稱，通常會以括號或粗體字樣示顯示。

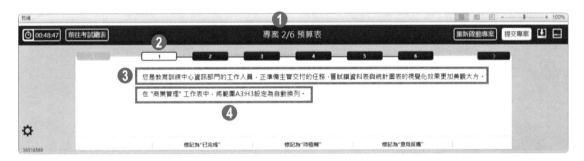

① 以 Excel Associate 測驗為例，測驗中會需要處理 6 個專案。

② 每一個專案會要求執行 5 到 6 項任務，也就是必須完成的各項工作。

③ 只有專案裡的第 1 個任務會顯示專案情境說明。

④ 專案情境說明底下便是第 1 個任務的題目。

題目中若有要求使用者輸入文字才能完成題目作答時，該文字會標示著點狀底線。

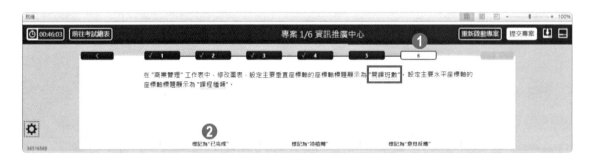

❶ 白色方塊的任務編號是目前正在處理的任務題目說明。

❷ 題目面版底部的〔標記為 " 已完成 "〕、〔標記為 " 待檢閱 "〕、〔標記為 " 意見反應 "〕等三個按鈕可以為作答中的任務加上標記符號。

任務的標示與切換

● **標示為 " 已完成 "**

完成任務後，可以點按〔標記為 " 已完成 "〕按鈕，將目前正在處理的任務加上一個記號，標記為已經解題完畢的任務。這是一個綠色核取勾選符號。當然，這個標示為 " 已完成 " 的標記只是提醒自己的作答狀況，並不是真的提交評分。您也可以隨時再點按一下 " 取消已完成標記 " 以取消這個綠色核取勾選符號的顯示。

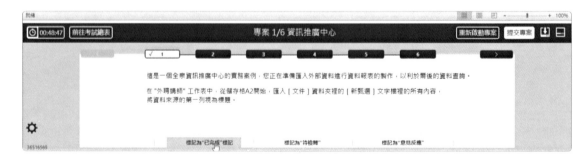

● 下一項任務 (下一小題)

若要進行下一小題，也就是下一個任務，可以直接點按藍色方塊的任務編號按鈕，可以立即切換至該專案任務的題目。

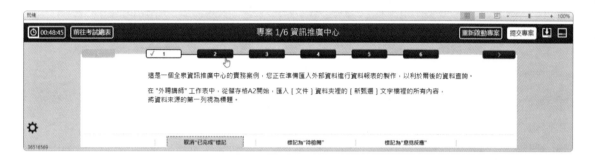

或者也可以點按題目窗格右側的〔 > 〕按鈕，切換至同專案的下一個任務。

● 上一項任務 (前一小題)

若要回到上一小題的題目，可以直接點按藍色方塊的任務編號按鈕，也可以點按題目窗格左上方的〔 < 〕按鈕，切換至同專案的上一個任務。

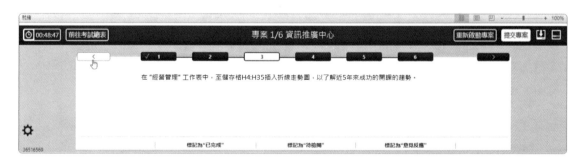

● **標示為 " 待檢閱 "**

除了標記已完成的標記外，也可以對題目標記為待檢閱，也就是您若不確定此題目的操作是否正確或者尚不知如何操作與解題，可以點按面板下方的〔標記為待檢閱〕按鈕。將此題目標記為目前尚未完成的工作，稍後再完成此任務。

● **標示為 " 意見反應 "**

您也可以將題目標記為意見反映，在結束考試時，針對這些題目提供回饋意見給測驗開發小組。

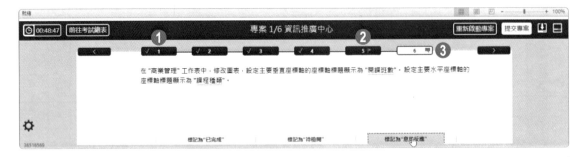

❶ [標記為 " 已完成 "] 的題目會顯示綠色打勾圖示，用來表示該工作已完成。

❷ [標記為 " 待檢閱 "] 的題目會顯示黃色旗幟圖示，用來表示在完成測驗之前想要再次檢閱該工作。

❸ [標記為 " 意見反應 "] 的題目會顯示藍色圖說圖示，用來表示在測驗之後想要留下關於該工作的意見反應。

縮放顯示比例與計算機功能

題目面板的左下角有一個齒輪工具，點按此按鈕可以顯示兩項方便的工具，一個是「計算機」，可以在畫面上彈跳出一個計算器，免去您有需要進行算術計算時的困擾，不過，這項功能的實用性並不高。

反而是「縮放」工具比較實用，若覺得題目的文字大小太小，可以透過縮放按鈕的點按來放大顯示。例如：調整為放大 **125%** 的顯示比例，大一點的字型與按鈕是不是看起來比較舒服呢？

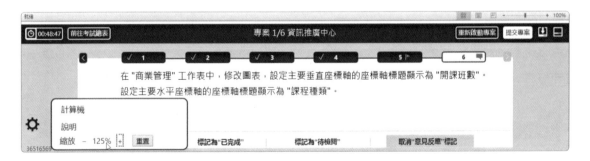

注意：如果變更測驗面板的縮放比例，也可以使用 **Ctrl** +(加號) 放大、**Ctrl** -(減號) 縮小或 **Ctrl+0**(零) 還原等快捷按鍵。

提交專案

完成一個專案裡的所有工作，或者即便尚未完成所有的工作，都可以點按題目面版右上方的〔提交專案〕按鈕，暫時儲存並結束此專案的操作，並準備進入下一個專案的答題。

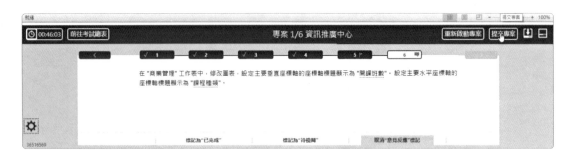

在再次確認是否提交專案的對話方塊上，點按〔提交專案〕按鈕，便可以儲存目前該專案各項任務的作答結果，並轉到下一個專案。不過請放心，在正式結束整個考試之前，您都可以隨時透過考試總表的操作再度回到此專案作答。

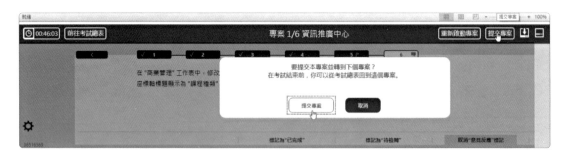

進入下一個專案的畫面後，除了開啟該專案的資料檔案外，下方視窗的題目面版裡也可以看到專案說明與第一項任務的題目，讓您開始進行作答。

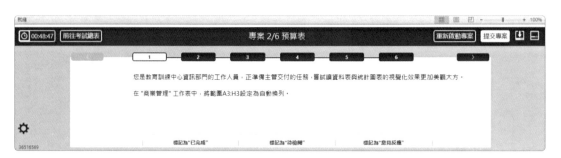

關於考試總表

考試系統提供有考試總結清單,可以顯示目前已經完成或尚未完成(待檢閱)的任務(工作)清單。在考試的過程中,您隨時可以點按測驗題目面板左上方的〔前往考試總表〕按鈕,在顯示確認對話方塊後點按〔繼續至考試總表〕按鈕,便可以進入考試總表視窗,回顧所有已經完成或尚未完成的工作,檢視各專案的任務題目與作答標記狀況。

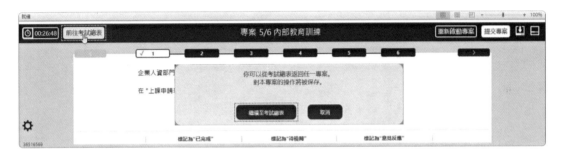

切換至考試總表視窗時,原先進行中的專案操作結果都會被保存,您也可以從考試總表返回任一專案,繼續執行該專案裡各項任務的作答與編輯。即便臨時起意切換到考試總表視窗了,只要沒有重設專案,已經完成的任務也不用再重做一次。

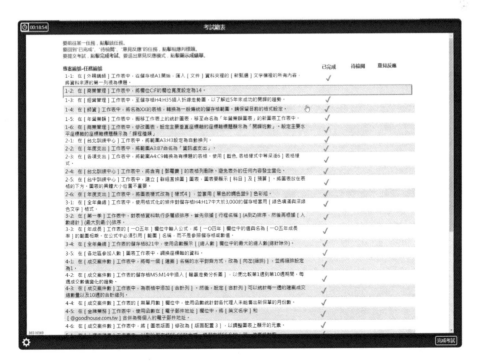

在〔考試總表〕頁面裡可以做的事情：

- 如要回到特定工作，請選取該工作。
- 如要回到包含工作〔已標為 " 已完成 "〕、〔已標為 " 待檢閱 "〕、〔已標為 " 意見反應 "〕的專案，請選取欄位標題。
- 選取〔完成考試〕以提交答案、停止測驗計時器，然後進入測驗的意見反應階段。完成測驗之後便無法變更答案。
- 若是完成考試，可以選取〔顯示成績單〕以結束意見反應模式，並顯示測驗結果。

貼心的複製文字功能

有些題目會需要考生在操作過程和對話方塊中輸入指定的文字，若是必須輸入中文字，昔日考生在作答時還必須將鍵盤事先切換至中文模式，然後再一一鍵入中文字，即便只是英文與數字的輸入，並不需要切換輸入法模式，卻也得小心翼翼地逐字無誤的鍵入，多個空白就不行。現在，大家有福了，新版本的操作介面在完成工作時要輸入文字的要求上，有著非常貼心的改革，因為，在專案任務的題目上，若有需要考生輸入文字才能完成工作時，該文字會標示點狀底線，只要考生以滑鼠左鍵點按一下點狀底線的文字，即可將其複製到剪貼簿裡，稍後再輕鬆的貼到指定的目地的。如下圖範例所示，只要點按一下任務題目裡的點狀底線文字「資訊處支出」，便可以將這段文字複製到剪貼簿裡。

如此，在題目作答時就可以利用 Ctrl+V 快捷按鍵將其貼到目的地。例如：在開啟範圍〔新名稱〕的對話方塊操作上，點按〔名稱〕文字方塊後，並不需要親自鍵入文字，只要直接按 Ctrl+V 即可貼上剪貼簿裡的內容，是不是非常便民的貼心設計呢！

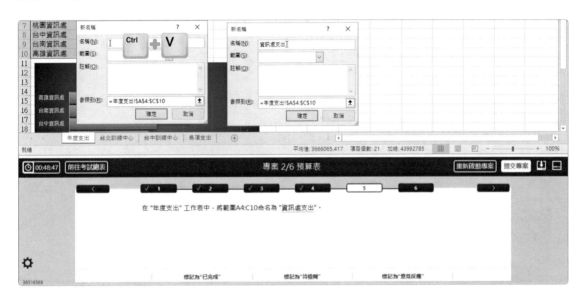

視窗面板的折疊與展開

有時候您可能需要更大的軟體視窗來進行答題的操作，此時，可以點按一下測驗題目面板右上方的〔折疊工作面板〕按鈕。

如此，視窗下方的測驗題目面板便自動折疊起來，空出更大的畫面空間來顯示整個應用程式操作視窗。若要再度顯示測驗題目面板，則點按右下角的〔展開工作面板〕按鈕即可。

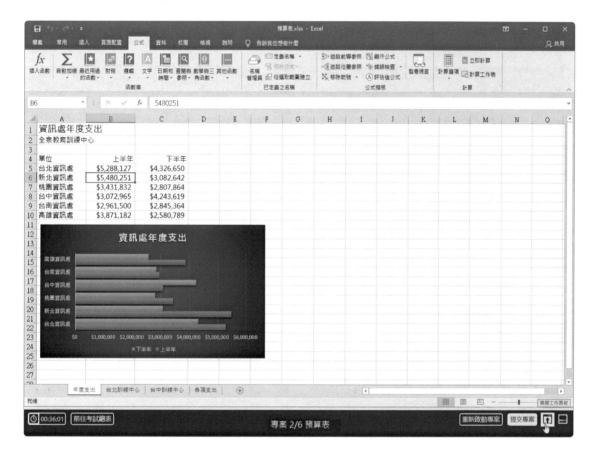

恢復視窗配置

或許在操作過程中調整了應用程式視窗的大小，導致沒有全螢幕或沒有適當的切割視窗與面板窗格，此時您可以點按一下測驗題目面板右上方的〔恢復視窗配置〕按鈕。

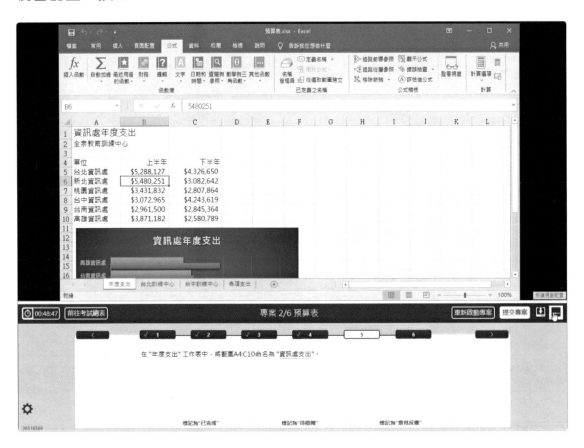

只要恢復視窗配置，當下的畫面將復原為預設的考試視窗。

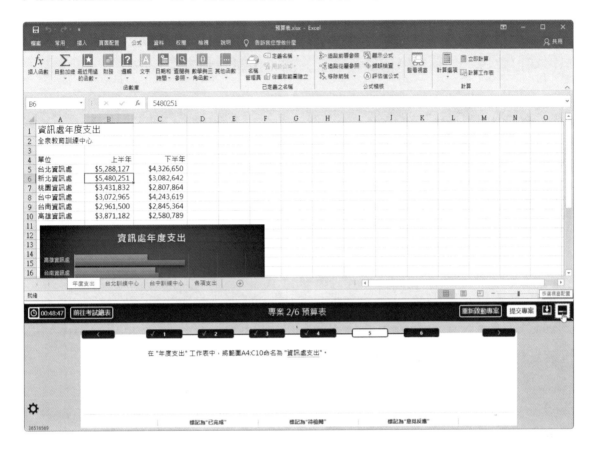

重新啟動專案

如果您對某個專案的操作過程不盡滿意,而想要重作整個專案裡的每一道題目,可以點按一下測驗題目面板右上方的〔重新啟動專案〕按鈕。

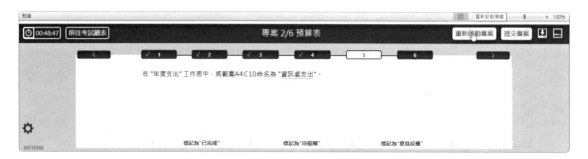

在顯示重置專案的確認對話方塊時,點按〔確定〕按鈕,即可清除該專案原先儲存的作答,重置該專案讓專案裡的所有任務及文件檔案都回復到未作答前的初始狀態。

2-3　完成考試 - 前往考試總表

在考試過程中您隨時可以切換到考試總表，瀏覽目前每一個專案的各項任務題目以及其標記設定。若要完成整個考試，也是必須前往考試總表畫面，進行最後的專案題目導覽與確認結束考試。若有此需求，可以點按測驗題目面板左上方的〔前往考試總表〕按鈕。

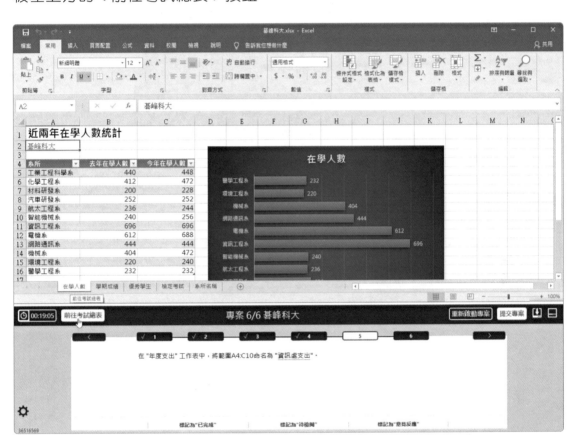

在顯示確認對話方塊後點按〔繼續至考試總表〕按鈕,才能順利進入考試總表視窗。

若是完成最後一個專案最後一項任務並點按〔提交專案〕按鈕後，不需點按〔前往考試總表〕按鈕，也會自動切換到考試總表畫面。若要完成考試，即可點按考試總表畫面右下角的〔完成考試〕按鈕。

接著，會顯示完成考試將立即計算最終成績的確認對話方塊，此時點按〔完成考試〕按鈕即可。不過切記，一旦按下〔完成考試〕按鈕就無法再返回考試囉！

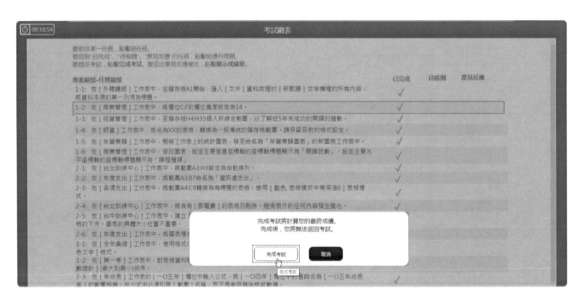

完成考試後可以有兩個選擇，其一是提供回饋意見給測驗開發小組，當然，若沒有要進行任何的意見回饋，便可直接檢視考試成績。

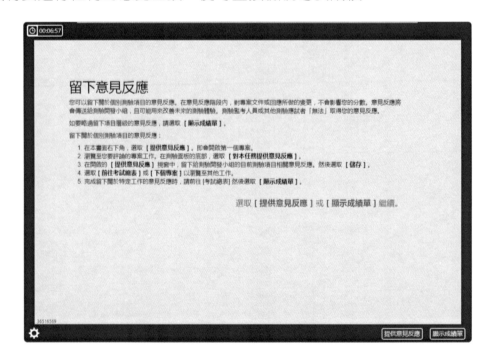

自行決定是否留下意見反應

還記得在考試中，您若對於專案裡的題目設計有話要說，想要提供該題目之回饋意見，則可以在該任務題目上標記 " 意見反應 " 標記 (淺藍色的圖說符號)，便可以在完成考試後，也就是此時進行意見反應的輸入。例如：點按此頁面右下角的〔提供意見反應〕按鈕。

若是點按〔提供意見反應〕按鈕，將立即進入回饋模式，在視窗下方的測驗題目面板裡，會顯示專案裡各項任務的題目，您可以切換到想要提供意見的題目上，然後點按底部的〔對本任務提供意見反應〕按鈕。

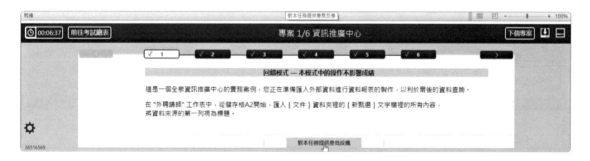

接著，開啟〔留下回應〕對話方塊後，即可在此輸入您的意見與想法，然後按下〔儲存〕按鈕。

您可以瀏覽至想要評論的專案工作上，點按在測驗面板底部的〔對本任務提供意見反應〕按鈕，留下給測驗開發小組針對目前測驗題目的相關意見反應。若有需求，可以繼續選取〔前往考試總表〕或者點按測驗面板有上方的〔下個專案〕以瀏覽至其他工作，依此類推，完成留下關於特定工作的意見反應。

顯示成績

結束考試後若不想要留下任何意見反應，可以直接點按〔留下意見反應〕頁面對話方塊右下角的〔顯示成績單〕按鈕，或者，在結束意見反應的回饋後，亦可前往〔考試總表〕頁面，點按右下角的〔顯示成績單〕按鈕，在即測即評的系統環境下，立即顯示您此次的考試成績。

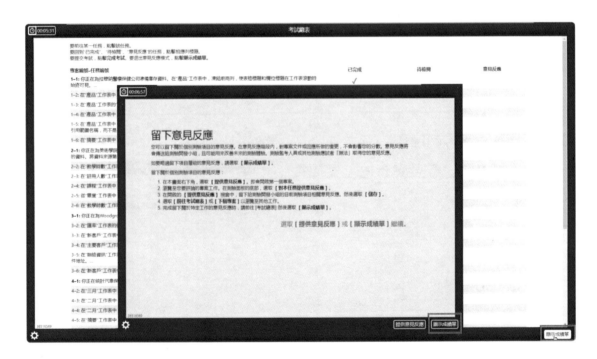

MOS 認證考試的滿分成績是 1000 分，及格分數是 700 分以上，分數報表畫面會顯示您是否合格，您可以直接列印或儲存成 PDF 檔。

若是勾選分數報表畫面左上方的〔Show Exam Score On Score Report instead of Pass/Fail〕核取方塊,則成績單右下方結果方塊裡會顯示您的實質分數。當然,考後亦可登入 Certiport 網站,檢視、下載、列印您的成績報表或查詢與下載列印證書副本。

2-4 MOS 2019-Eexcel Associate MO-200 評量技能

在製作各種財務報表、數據統計表格時,各種項目、科目的彙整,讓資料數據環環相扣,往往修改一、兩個小小項目時,便牽一髮而動全軍,相關資料很可能都得再重新計算一次,聰明的人們利用行、列交叉縱橫的「試算表」方格,訂定計算公式、製作財務報表、規劃資料記錄管理…解決了人力難及的問題。全球最知名的試算表應用程式 Microsoft Excel 更是箇中翹楚!其功能層面也不只侷限於製作財務報表上,而是可製作出簡明的統計圖表,進行資料的創建、管理、查詢、摘要分析,甚至在大數據分析的領域裡也佔有一席之地。

MOS Excel 2019 Associate 的認證考試代碼為 Exam MO-200,共分成以下五大核心能力評量領域:

- **1** 管理工作表和活頁簿

- **2** 管理資料儲存格和範圍

- **3** 管理表格和表格資料

- **4** 使用公式和函數執行作業

- **5** 管理圖表

以下彙整了 Microsoft 公司訓練認證和測驗網站平台所公布的 MOS Excel 2019 Associate 認證考試範圍與評量重點摘要。您可以在學習前後,根據這份評量的技能,看看您已經學會了哪些必備技能,在前面打個勾或做個記號,以瞭解自己的實力與學習進程。

評量領域	評量目標與必備評量技能
1 管理工作表和活頁簿	**匯入資料至活頁簿** ☐ 從 .txt 檔案匯入資料 ☐ 從 .csv 檔案匯入資料 ☐ 新增工作表與編輯工作表 **在活頁簿中瀏覽** ☐ 搜尋活頁簿中的資料 ☐ 瀏覽已命名的儲存格、範圍或活頁簿元件 ☐ 插入和移除超連結 **格式化工作表和活頁簿** ☐ 修改頁面設定 ☐ 調整列高和欄寬 ☐ 自訂頁首和頁尾 **自訂選項和檢視** ☐ 自訂快速存取工具列 ☐ 在不同的檢視中顯示與修改活頁簿內容 ☐ 凍結工作表的列與欄 ☐ 變更視窗檢視 ☐ 修改基本的活頁簿屬性 ☐ 顯示公式 **設定內容以進行協同作業** ☐ 設定列印範圍 ☐ 將活頁簿儲存為不同的替代檔案格式 ☐ 設定列印設定 ☐ 檢查活頁簿是否有任何問題
2 管理資料儲存格和範圍	**操控活頁簿中的資料** ☐ 使用特殊貼上選項貼上資料 ☐ 使用自動填入功能填入資料至儲存格 ☐ 插入和刪除多欄或多列 ☐ 插入和刪除儲存格

評量領域	評量目標與必備評量技能
2 管理資料儲存格和範圍	**格式化儲存格和範圍** ☐ 合併和取消合併儲存格 ☐ 修改儲存格對齊方式、方向和縮排 ☐ 使用複製格式功能格式化儲存格 ☐ 在儲存格中進行文字換行 ☐ 套用數字格式 ☐ 透過設定儲存格格式對話方塊套用儲存格格式 ☐ 套用儲存格樣式 ☐ 清除儲存格格式設定 **定義和參照已命名的範圍** ☐ 定義已命名的範圍 ☐ 為表格命名 **視覺化摘要資料** ☐ 插入走勢圖 ☐ 套用內建的設定格式化的條件 ☐ 移除設定格式化的條件 ☐ 資料小計、群組與大綱
3 管理表格和表格資料	**建立和格式化表格** ☐ 從儲存格範圍建立 Excel 表格 ☐ 套用表格樣式 ☐ 將表格轉換為儲存格範圍 **修改表格** ☐ 新增或移除表格列和欄 ☐ 設定表格樣式選項 ☐ 插入和設定合計列 **篩選和排序表格資料** ☐ 篩選記錄 ☐ 藉由多欄排序資料

評量領域	評量目標與必備評量技能
4 使用公式和函數執行作業	**插入參照** ☐ 插入相對、絕對和混合參照 ☐ 在公式中參照已命名的範圍和已命名的表格 **計算和轉換資料** ☐ 使用 AVERAGE() 和 SUM() 等函數執行計算 ☐ 使用 MAX() 和 MIN() 和等函數執行計算 ☐ 使用 COUNT()、COUNTA() 和 COUNTBLANK() 等函數計算儲存格數量 ☐ 使用 IF() 函數執行條件式作業 ☐ 使用函數進行條件運算 SUMIF、COUNTIF **格式化和修改文字** ☐ 使用 RIGHT()、LEFT() 和 MID() 等函數格式化文字 ☐ 使用 UPPER()、LOWER() 和 LEN() 等函數格式化文字 ☐ 使用 CONCAT() 和 TEXTJOIN() 等函數格式化文字
5 管理圖表	**建立圖表** ☐ 建立圖表 ☐ 建立圖表工作表 **修改圖表** ☐ 將資料數列新增至圖表 ☐ 在來源資料的列和欄之間進行切換 ☐ 新增和修改圖表項目 ☐ 修改圖表大小與調整圖表位置 **插入和格式化物件** ☐ 套用圖表版面配置 ☐ 套用圖表樣式 ☐ 為圖表新增替代文字作為協助工具

03

模擬試題 I

此小節設計了一組包含 **Excel** 各項必備基礎技能的評量實作題目，可以協助讀者順利挑戰各種與 **Excel** 相關的基本認證考試，共計有 **6** 個專案，每個專案包含 **5 ～ 6** 項任務。

專案 1　資訊推廣中心

這是一個全泉資訊推廣中心的實務案例，您正在準備匯入外部資料進行資料報表的製作，以利於爾後的資料查詢。並調整工作表的適合格式、建立走勢圖表與視覺化圖表，讓資料報告可以更加完備。

1 —— 2 —— 3 —— 4 —— 5 —— 6

在〔外聘講師〕工作表中，從儲存格 A2 開始，匯入〔文件〕資料夾裡的〔新甄選〕文字檔裡的所有內容，將資料來源的第一列視為標題。

評量領域：管理工作表和活頁簿
評量目標：匯入資料至活頁簿
評量技能：從 .txt 檔案匯入資料

解題步驟

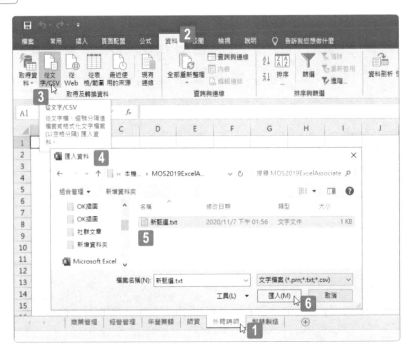

STEP**01** 開啟活頁簿檔案後，點選〔外聘講師〕工作表。

STEP**02** 點按〔資料〕索引標籤。

STEP**03** 點按〔取得及轉換資料〕群組裡的〔從文字 /CSV〕命令按鈕。

STEP**04** 開啟〔匯入資料〕對話方塊，點選檔案路徑。

STEP**05** 點選〔新甄選〕文字檔。

STEP**06** 點按〔匯入〕按鈕。

STEP**07** 開啟匯入文字的對話視窗，在此預覽〔新甄選〕文字檔的內容，若有需要亦可改變分隔符號的選項。

STEP**08** 點按〔轉換資料〕按鈕。

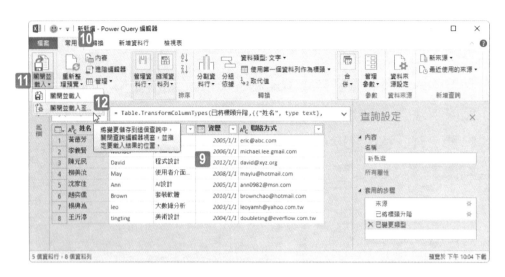

STEP**09** 進入 Power Query 查詢編輯器視窗，在此可以預覽並調整匯入的文字之格式與查詢內容。

STEP**10** 不需做任何修改，點按〔常用〕索引標籤。

STEP**11** 點按〔關閉〕群組裡〔關閉並載入〕命令按鈕的下半部按鈕。

STEP**12** 從展開的下拉式功能選單中點選〔關閉並載入至…〕功能選項。

STEP**13** 開啟〔匯入資料〕對話方塊，點選〔表格〕選項。

STEP**14** 點選〔將資料放在〕選項底下的〔目前工作表的儲存格〕，並輸入或點選儲存格位址 A2。

STEP**15** 點按〔確定〕按鈕。

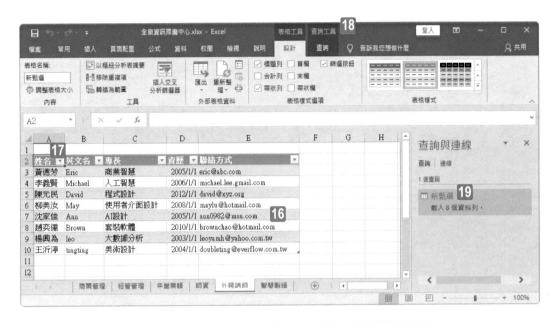

^{STEP}**16** 完成文字檔案的匯入並在工作表上形成一張新的資料表。

^{STEP}**17** 由於是透過 Power Query 查詢編輯器完成外部資料的匯入，因此也建立了一個新的查詢，當作用中的儲存格是停留在此匯入的資料表裡的任意儲存格位址 (例如 A2)。

^{STEP}**18** 視窗上方會有〔查詢工具〕的顯示。

^{STEP}**19** 視窗右側會開啟〔查詢與連線〕工作窗格，而預設的查詢名稱即與匯入的檔案同名。

在〔商業管理〕工作表中，將欄位 C:F 的欄位寬度設定為 14。

評量領域：管理工作表和活頁簿

評量目標：格式化工作表和活頁簿

評量技能：調整列高和欄寬

解題步驟

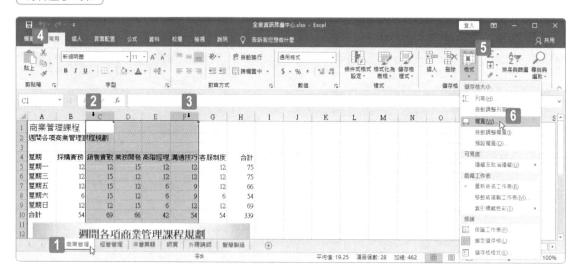

STEP**01** 　點選〔商業管理〕工作表。

STEP**02** 　點選整個 C 欄位。

STEP**03** 　按住 Shift 按鍵不放，點選整個 F 欄位，以複選 C 到 F 欄位。

STEP**04** 　點按〔常用〕索引標籤。

STEP**05** 　點按〔儲存格〕群組裡的〔格式〕命令按鈕。

STEP**06** 　從展開的功能選單中點選〔欄寬〕功能選項。

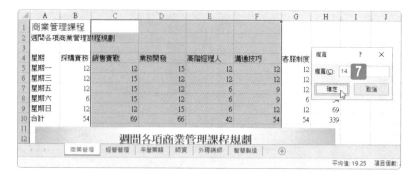

STEP**07**

開啟〔欄寬〕對話
方塊，輸入欄寬為
「14」並按下〔確
定〕按鈕。

在〔經營管理〕工作表中，至儲存格 H4:H35 插入折線走勢圖，以了解近5年來成功的開課的趨勢。

評量領域：管理資料儲存格和範圍

評量目標：視覺化摘要資料

評量技能：插入走勢圖

解題步驟

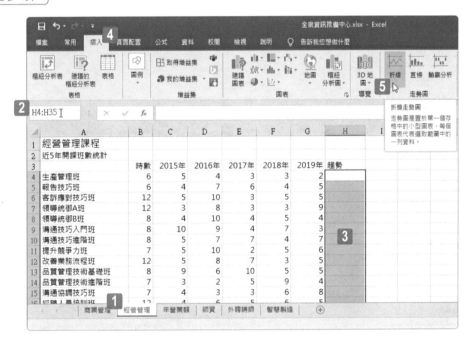

STEP01 點選〔經營管理〕工作表。

STEP02 點按工作表左上角的名稱方塊，在此輸入「H4:H35」然後按下 Enter 按鍵。

STEP03 順利選取儲存格範圍 H4:H35。

STEP04 點按〔插入〕索引標籤。

STEP05 點按〔走勢圖〕群組裡的〔折線〕命令按鈕。

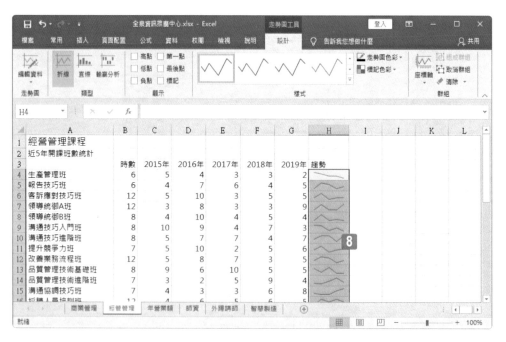

開啟〔建立走勢圖〕對話方塊，在〔資料範圍〕文字方塊裡輸入或選取儲存格位址 C4:G35。

點按〔確定〕按鈕。

立即在儲存格範圍 H4:H35 建立了折線走勢圖。

在〔師資〕工作表中,將名為「表格 1」的表格,轉換為一般傳統的儲存格範圍。請保留目前的格式設定。

評量領域:管理表格和表格資料

評量目標:建立和格式化表格

評量技能:將表格轉換為儲存格範圍

解題步驟

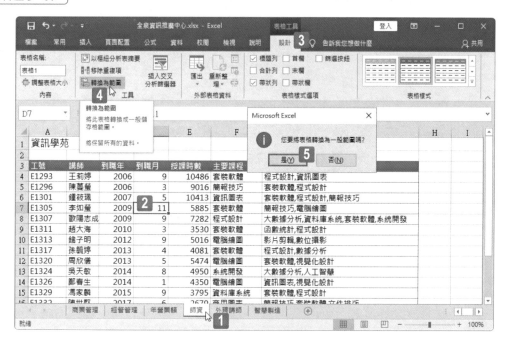

STEP**01** 點選〔師資〕工作表。

STEP**02** 點選此工作表裡資料表格所在處裡的任一儲存格位址,例如:**D7**。

STEP**03** 視窗上方功能區裡立即顯示〔表格工具〕,點按其下方的〔設計〕索引標籤。

STEP**04** 點按〔工具〕群組裡的〔轉換為範圍〕命令按鈕。

STEP**05** 顯示確認要將資料表格轉換為一般傳統儲存格範圍的對話方塊,點按〔是〕按鈕。

STEP **06**　原本的資料表格變成一般的範圍，但儲存格格式顏色依舊。

STEP **07**　轉換為範圍後，視窗上方功能區裡不再顯示〔表格工具〕與其相關的功能選項介面。

| 1 | 2 | 3 | 4 | 5 | 6 |

在〔年營業額〕工作表中，搬移工作表上的統計圖表，移至命名為「年營業額圖表」的新圖表工作表中。

評量領域：管理圖表

評量目標：建立圖表

評量技能：建立圖表工作表

解題步驟

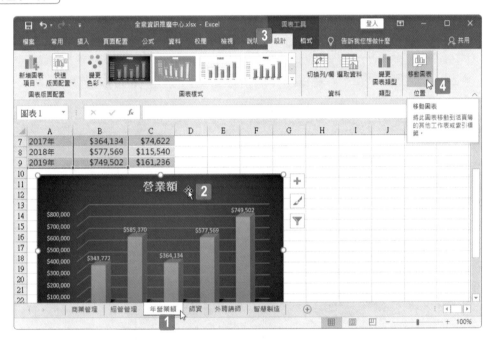

STEP**01** 點選〔年營業額〕工作表。

STEP**02** 點選此工作表裡的統計圖表。

STEP**03** 視窗上方功能區裡立即顯示〔圖表工具〕，點按其下方的〔設計〕索引標籤。

STEP**04** 點按〔位置〕群組裡的〔移動圖表〕命令按鈕。

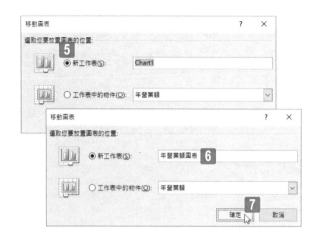

STEP**05** 開啟〔移動圖表〕對話方塊，點選〔新工作表〕選項。

STEP**06** 輸入新工作表的名稱為「年營業額圖表」。

STEP**07** 點按〔確定〕按鈕，結束〔移動圖表〕對話方塊的操作。

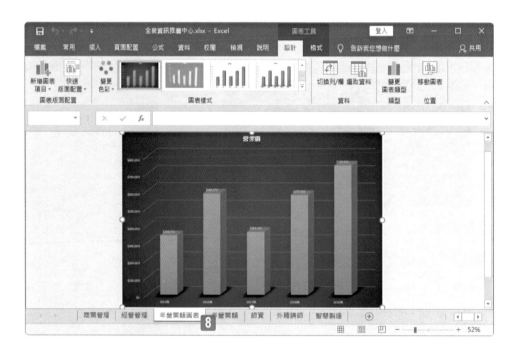

STEP**08** 原本位於〔年營業額〕工作表裡的統計圖表，已經搬移到名為〔年營
業額圖表〕的工作表中。

1 — 2 — 3 — 4 — 5 — 6

在〔商業管理〕工作表中，修改圖表，設定主要垂直座標軸的座標軸標題顯示為「開課班數」。設定主要水平座標軸的座標軸標題顯示為「課程種類」。

評量領域：管理圖表

評量目標：修改圖表

評量技能：新增和修改圖表項目

解題步驟

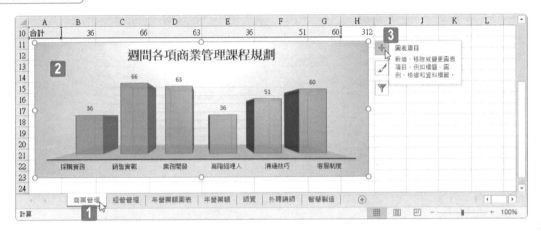

STEP**01** 點選〔商業管理〕工作表。

STEP**02** 點選此工作表裡的統計圖表。

STEP**03** 點按圖表右上方的「+」圖表項目按鈕。

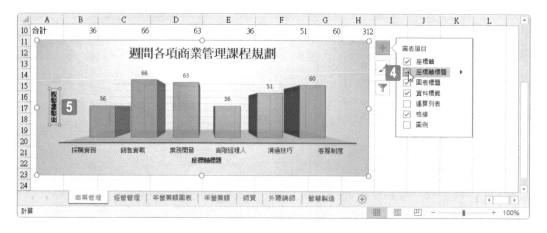

STEP**04**　從展開的圖表項目功能選單中勾選〔座標軸標題〕核取方塊。

STEP**05**　點選圖表左側剛剛產生的垂直 (值) 軸標題文字方塊。

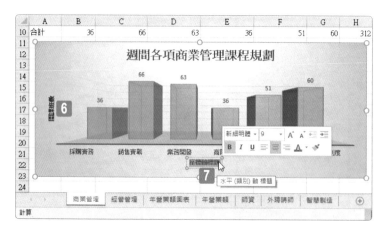

STEP**06**　輸入新的垂直 (值) 軸標題文字為「開課班數」。

STEP**07**　選取圖表下方剛剛產生的水平 (類別) 軸標題文字方塊。

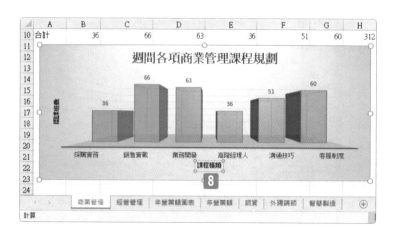

STEP**08**

輸入新的水平 (類別) 軸標題文字為「課程種類」。

專案 **2**

預算表

您是教育訓練中心資訊部門的工作人員,正準備主管交付的任務,對於預算表裡的資料是以傳統範圍或是資料表的形式來處理,進行更進一步地確認與分析,並嘗試讓資料表與統計圖表的視覺化效果更加美觀大方。

1 — 2 — 3 — 4 — 5 — 6

在〔台北訓練中心〕工作表中,將範圍 A3:H3 設定為自動換列。

評量領域:管理資料儲存格和範圍

評量目標:格式化儲存格和範圍

評量技能:在儲存格中進行文字換行

解題步驟

STEP **01** 開啟活頁簿檔案後,點選〔台北訓練中心〕工作表。

STEP **02** 選取儲存格範圍 A3:H4。

STEP**03** 點按〔常用〕索引標籤。

STEP**04** 點按〔對齊方式〕群組裡的〔自動換行〕命令按鈕。

STEP**05** 儲存格範圍 **A3:H4** 裡的文字內容多於欄位寬度時將自動換行。

1	2	3	4	5	6

在〔年度支出〕工作表中,將範圍 A4:C10 命名為「資訊處支出」。

評量領域:管理資料儲存格和範圍
評量目標:定義和參照已命名的範圍
評量技能:定義已命名的範圍

解題步驟

STEP**01** 點選〔年度支出〕工作表。

STEP**02** 選取儲存格範圍 A4:C10。

STEP**03** 點按工作表左上角的名稱方塊,在此輸入「資訊處支出」然後按下 Enter 按鍵。

1 — 2 — 3 — 4 — 5 — 6

在〔各項支出〕工作表中,將範圍 A4:C9 轉換為有標題的表格。使用〔金色,表格樣式中等深淺 5〕表格樣式。

評量領域:管理表格和表格資料

評量目標:建立和格式化表格

評量技能:從儲存格範圍建立 Excel 表格

解題步驟

STEP01　點選〔各項支出〕工作表。

STEP02　選取儲存格範圍 A4:C9。

STEP03　點按〔常用〕索引標籤。

STEP04　點按〔樣式〕群組裡的〔格式化為表格〕命令按鈕。

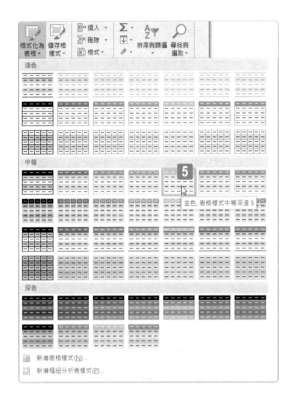

從展開的表格樣式選單中點選〔金色，表格樣式中等深淺 5〕表格樣式。

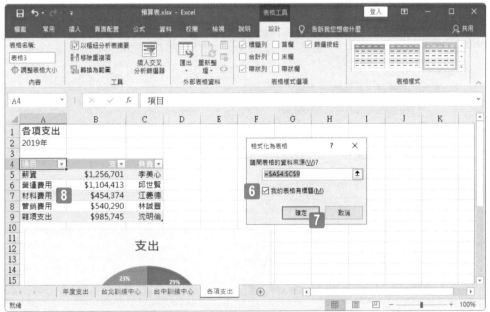

STEP**06** 開啟〔格式化為表格〕對話方塊，勾選〔我的表格有標題〕核取方塊。

STEP**07** 點按〔確定〕按鈕。

STEP**08** 選取的儲存格範圍 A4:C9 已順利轉換為套用了〔金色，表格樣式中等深淺 5〕表格樣式的資料表。

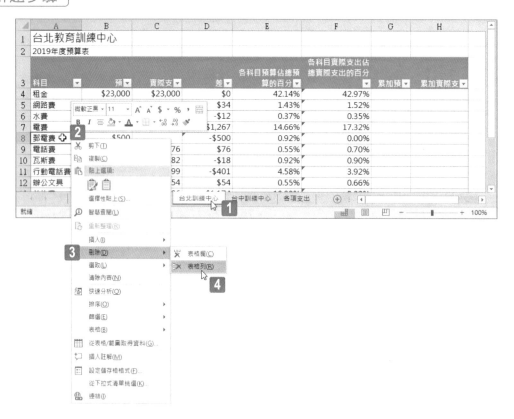

在〔台北訓練中心〕工作表中，將含有〔郵電費〕的表格列刪除。避免表格以外的任何內容發生變化。

評量領域：管理表格和表格資料

評量目標：修改表格

評量技能：新增或移除表格列和欄

解題步驟

STEP01　點選〔台北訓練中心〕工作表。

STEP02　以滑鼠右鍵點選取儲存格 A8(郵電費)。

STEP03　從展開的快顯功能表，點選〔刪除〕功能選項。

STEP04　再從展開的副功能選單點選〔表格列〕功能選項。

	A	B	C	D	E	F	G	H
1	台北教育訓練中心							
2	2019年度預算表							
3	科目 ▼	預 ▼	實際支 ▼	差 ▼	各科目預算佔總預算的百分 ▼	各科目實際支出佔總實際支出的百分 ▼	累加預 ▼	累加實際支 ▼
4	租金	$23,000	$23,000	$0	42.53%	42.97%		
5	網路費	$780	$814	$34	1.44%	1.52%		
6	水費	$200	$188	-$12	0.37%	0.35%		
7	電費	$8,000	$9,267	$1,267	14.79%	17.32%		
8	電話費	$300	$376	$76	0.55%	0.70%		
9	瓦斯費	$500	$482	-$18	0.92%	0.90%		
10	行動電話費	$2,500	$2,099	-$401	4.62%	3.92%		
11	辦公文具	$300	$354	$54	0.55%	0.66%		
12	差旅費	$6,000	$4,826	-$1,174	11.09%	9.02%		

年度支出 | 台北訓練中心 | 台中訓練中心 | 各項支出 | ⊕

就緒 | | | | 田 圓 凹 ― ▮ + 100%

STEP**05** 含有〔郵電費〕的表格列已順利刪除。

| 1 | 2 | 3 | 4 | 5 | 6 |

在〔台中訓練中心〕工作表中,建立〔立體群組直條圖〕圖表,圖表要顯示〔科目〕及〔實際支出〕。將圖表放在表格的下方。圖表的具體大小位置不重要。

評量領域:管理圖表

評量目標:建立圖表

評量技能:建立圖表

解題步驟

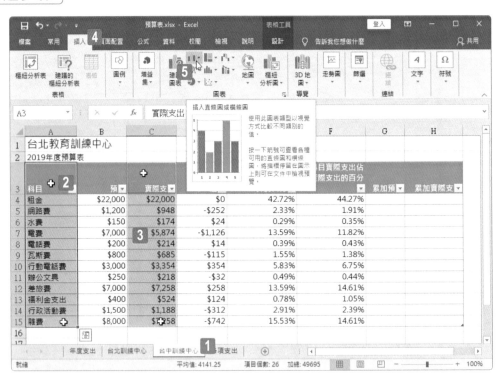

STEP**01** 點選〔台北訓練中心〕工作表。

STEP**02** 選取儲存格範圍 A3:A15。

STEP**03** 按住 Ctrl 按鍵不放並選取儲存格範圍 C3:C15,以複選兩個不連續的範圍「科目」與「實際支出」的資料範圍。

STEP**04** 點按〔插入〕索引標籤。

STEP**05** 點按〔圖表〕群組裡的〔插入直條圖或橫條圖〕命令按鈕。

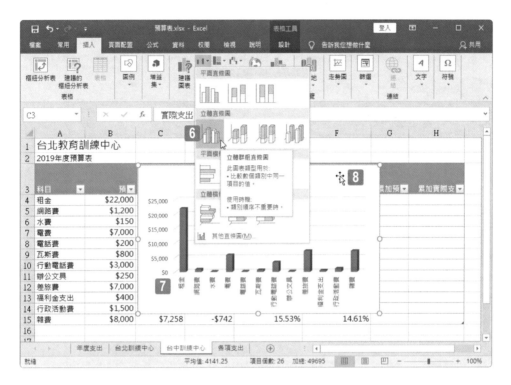

STEP06 從展開的圖表選單中點選〔立體群組直條圖〕選項。

STEP07 立即在工作表上建立〔立體群組直條圖〕圖表。

STEP08 點選此圖表並往下拖曳。

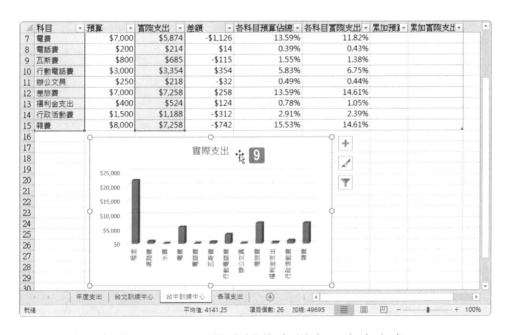

STEP09 將統計圖表往下拖曳至工作表裡的資料表下方空白處。

| 1 | 2 | 3 | 4 | 5 | 6 |

在〔年度支出〕工作表中,將圖表樣式改為〔樣式 4〕,並套用〔單色的調色盤 9〕色彩組。

評量領域:管理圖表

評量目標:格式化圖表

評量技能:套用圖表樣式

解題步驟

STEP**01** 點選〔年度支出〕工作表。

STEP**02** 點選此工作表裡的統計圖表。

STEP**03** 視窗上方功能區裡立即顯示〔圖表工具〕,點按其下方的〔設計〕索引標籤。

STEP**04** 點按〔圖表樣式〕群組裡的〔其他〕命令按鈕。

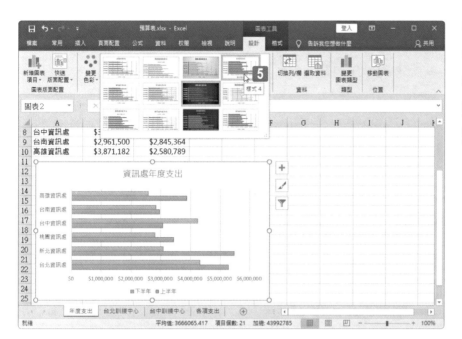

STEP **05**

從展開的圖表
樣式選單中點
選〔樣式4〕
選項。

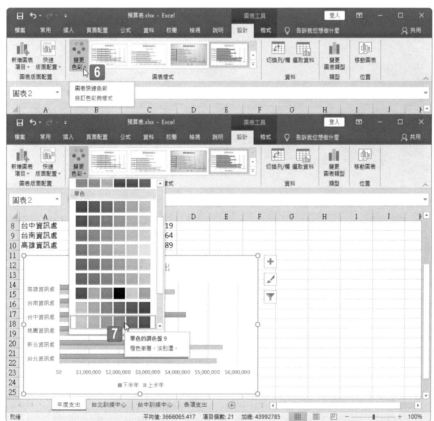

STEP **06** 　點按〔圖表樣式〕群組裡的〔變更色彩〕命令按鈕。

STEP **07** 　從展開的色彩選單中點選〔單色的調色盤9〕選項。

專案 **3** 日本旅遊專賣

身為旅行社的資訊人員，您正在處理並彙整資料，建立有序的資料報表，以及彙總全年總人數與改善統計圖表的呈現，讓主管更容易了解年度的業務狀況與成長數據。

在〔全年彙總〕工作表中，使用格式化的條件對儲存格 H4:H17 中大於 3,000 的儲存格套用〔綠色填滿與深綠色文字〕格式。

評量領域：管理資料儲存格和範圍

評量目標：視覺化摘要資料

評量技能：套用內建的設定格式化的條件

解題步驟

STEP**01** 點選〔全年彙總〕工作表。

STEP**02** 選取儲存格範圍 H4:H17。

STEP**03** 點按〔常用〕索引標籤。

STEP**04** 點按〔樣式〕群組裡的〔條件式格式設定〕命令按鈕。

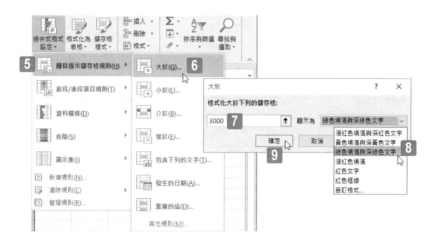

STEP**05** 從展開的功能選單中點選〔醒目提示儲存格規則〕功能選項。

STEP**06** 再從展開的副選單中點選〔大於〕選項。

STEP**07** 開啟〔大於〕對話方塊，輸入「3000」。

STEP**08** 點選〔綠色填滿與深綠色文字〕格式選項。

STEP**09** 點按〔確定〕按鈕。

▲	A	B	C	D	E	F	G	H	I
1	艾瑞斯東京旅遊專賣								
2	年度業務報告								
3	行程名稱 ▼	梯次 ▼	北區 ▼	中區 ▼	南區 ▼	西區 ▼	東區 ▼	總人數 ▼	
4	沖繩郵輪自主行	1	415	325	305	300	8	1,633	
5	沖繩郵輪自主行	2	399	326	330	295	341	1,691	
6	東京自由行	1	1442	1184	908	772	553	4,859	
7	東京自由行	2	1461	1184	859	857	685	5,046	
8	東京自由行	3	1310	1294	708	796	556	4,664	
9	東京自由行	4	1427	1289	983	939	699	5,337	
10	東京橫濱雙城遊	1	1113	947	719	662	471	3,912	
11	東京橫濱雙城遊	2	982	945	612	606	481	3,626	
12	東京橫濱雙城遊	3	945	756	762	600	505	3,568	
13	關西古都行	1	532	768	351	403	306	2,360	
14	關西古都行	2	535	919	568	697	470	3,189	
15	關西古都行	3	729	903	629	561	628	3,450	
16	九州三城遊	1	302	399	284	451	357	1,793	
17	九州三城遊	2	406	392	431	354	376	1,959	
18	總計		11998	11631	8449	8293	6716	47087	

全年彙總　各地區參加人數　第一季　第二季　第三季　第四季　年成長 ...

就緒　　　　　　　　　　　　　　　　　平均值: 3,363　項目個數: 14　加總: 47

STEP**10** 儲存格 H4:H17 中大於 3,000 的儲存格套用了〔綠色填滿與深綠色文字〕格式。

在〔第一季〕工作表中，對表格資料執行多層級排序。首先依據〔行程名稱〕(A 到 Z) 排序，然後再根據〔人數總計〕(最大到最小) 排序。

評量領域：管理表格和表格資料

評量目標：篩選和排序表格資料

評量技能：藉由多欄排序資料

解題步驟

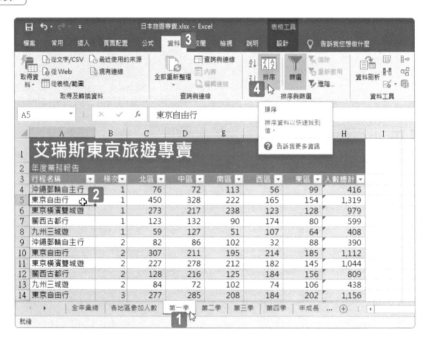

STEP **01** 點選〔第一季〕工作表。

STEP **02** 將作用儲存格移至資料表裡的任一儲存格，例如：儲存格 A5。

STEP **03** 點按〔資料〕索引標籤。

STEP **04** 點按〔排序與篩選〕群組裡的〔排序〕命令按鈕。

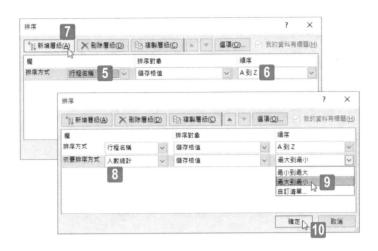

STEP**05** 開啟〔排序〕對話方塊，點選主要層級的排序方式是依據〔行程名稱〕
欄位排序。

STEP**06** 依據儲存格的值，排序順序為 (A 到 Z)。

STEP**07** 點按〔新增層級〕按鈕。

STEP**08** 點選次要層級的排序方式是依據〔人數總計〕欄位排序。

STEP**09** 依據儲存格的值，排序順序為 (最大到最小)。

STEP**10** 點按〔確定〕按鈕。

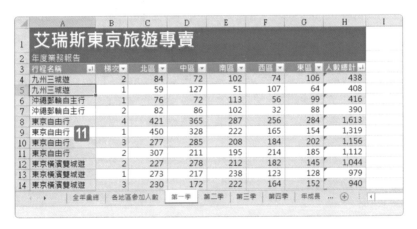

STEP**11** 資料表裡的資料順序將先以〔行程名稱〕的筆畫順序排列，相同的行
程名稱再以〔人數總計〕的大小由大到小排序。

在〔年成長〕工作表的〔一〇五年〕欄位中輸入公式,將〔一〇四年〕欄位中的值與名為〔一〇五年成長率〕的範圍相乘。在公式中必須引用〔範圍〕名稱,而不是參照儲存格或數值。

評量領域:使用公式和函數執行作業

評量目標:插入參照

評量技能:在公式中參照已命名的範圍和已命名的表格

解題步驟

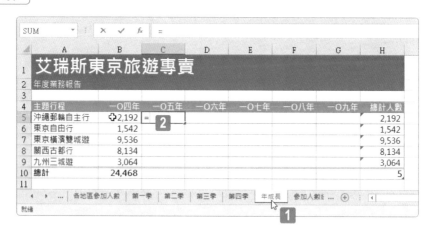

STEP**01** 點選〔年成長〕工作表。

STEP**02** 點選儲存格 C5 並輸入等於符號「=」開始進行公式的建立。

STEP**03**　點選儲存格 **B5**。

STEP**04**　在公式中以結構化名稱的方式參照該儲存格。

STEP**05**　接著按下乘法符號「*」再按下功能鍵 **F3** 按鍵。

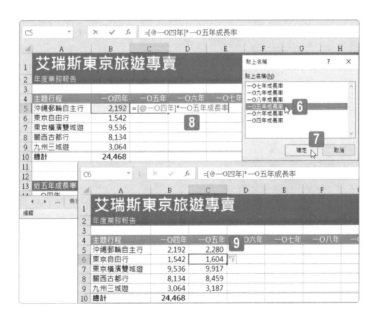

STEP**06**　開啟〔貼上名稱〕對話方塊，點選〔一○五年成長率〕範圍名稱。

STEP**07**　按下〔確定〕按鈕。

STEP**08**　乘法公式立即參照〔一○五年成長率〕範圍名稱，然後按下 Enter 按鍵。

STEP**09**　完成公式的建立並自動填滿公式。

在〔全年彙總〕工作表的儲存格 B21 中，使用函數顯示〔總人數〕欄位中的最大的總人數 (總計除外)。

評量領域：使用公式和函數執行作業

評量目標：計算和轉換資料

評量技能：使用 AVERAGE()、MAX()、 MIN() 和 SUM() 等函數執行計算

解題步驟

STEP**01** 點選〔全年彙總〕工作表。

STEP**02** 點選儲存格 B21 並輸入函數公式「= MAX(」。

STEP**03** 選取儲存格範圍 H4:H17。

STEP**04** MAX 函數裡的參數隨即參照剛剛選取範圍的結構化名稱，即表格名稱為「表格_全年彙總」裡的 [總人數] 欄位。

	A	B	C	D	E	F	G	H
	B21	▾	:	× ✓ fx		=MAX(表格_全年彙總[總人數])		
3	行程名稱 ▾	梯次 ▾	北區 ▾	中區 ▾	南區 ▾	西區 ▾	東區 ▾	總人數 ▾
4	沖繩郵輪自主行	1	415	325	305	300	288	1,633
5	沖繩郵輪自主行	2	399	326	330	295	341	1,691
6	東京自由行	1	1442	1184	908	772	553	4,859
7	東京自由行	2	1461	1184	859	857	685	5,046
8	東京自由行	3	1310	1294	708	796	556	4,664
9	東京自由行	4	1427	1289	983	939	699	5,337
10	東京橫濱雙城遊	1	1113	947	719	662	471	3,912
11	東京橫濱雙城遊	2	982	945	612	606	481	3,626
12	東京橫濱雙城遊	3	945	756	762	600	505	3,568
13	關西古都行	1	532	768	351	403	306	2,360
14	關西古都行	2	535	919	568	697	470	3,189
15	關西古都行	3	729	903	629	561	628	3,450
16	九州三城遊	1	302	399	284	451	357	1,793
17	九州三城遊	2	406	392	431	354	376	1,959
18	總計		11998	11631	8449	8293	6716	47087
19								
20								
21	最高人數總計	5,337	**5**					
22	最低人數總計	1,633						
23	平均人數總計	3,363						
24								

全年彙總 | 各地區參加人數 | 第一季 | 第二季 | 第三季 | 第四季 | 年成長 …

STEP**05** 完成 MAX 函數的公式後，立即顯示〔總人數〕欄位中的最大值。

| 1 | 2 | 3 | 4 | 5 |

在〔各地區參加人數〕圖表工作表中,調換座標軸的資料。

評量領域:管理圖表

評量目標:修改圖表

評量技能:在來源資料的列和欄之間進行切換

解題步驟

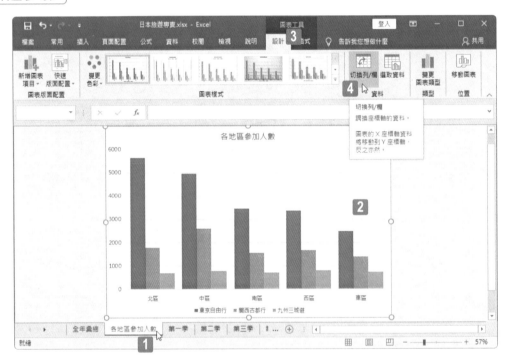

STEP **01** 點選〔各地區參加人數〕工作表。

STEP **02** 點選統計圖表。

STEP **03** 視窗上方功能區裡立即顯示〔圖表工具〕,點按其下方的〔設計〕索引標籤。

STEP **04** 點按〔資料〕群組裡的〔切換列 / 欄位〕命令按鈕。

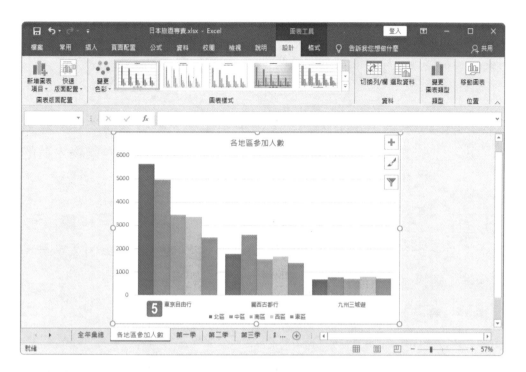

STEP **05** 統計圖表的類別軸與資料數列立即對調,原本的類別軸 (各地區) 變成資料數列,而原本的資料數列 (各種旅遊行程名稱) 變成類別軸。

專案 **4** 宜居房仲

您服務於房仲公司，正準備製作成交案報表與統計圖表，讓主管更容易瞭解成交案件變化趨勢，並處理優秀業務人員的連絡資訊提供給相關單位。

在〔成交案件數〕工作表中，將每一個〔建案〕名稱的水平對齊方式，改為〔向左 (縮排)〕，並將縮排設定為 1。

評量領域：管理資料儲存格和範圍
評量目標：格式化儲存格和範圍
評量技能：修改儲存格對齊方式、方向和縮排

解題步驟

STEP**01** 點選〔成交案件數〕工作表。

STEP**02** 選取儲存格範圍 A5:A14。

STEP**03** 點按〔常用〕索引標籤。

STEP**04** 點按〔對齊方式〕群組裡的對話方塊啟動器按鈕。

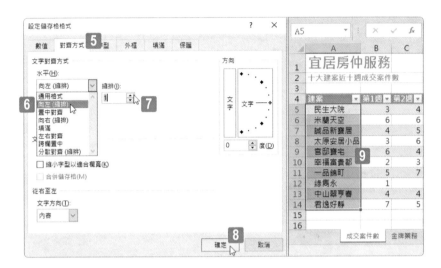

STEP**05** 開啟〔設定儲存格格式〕對話方塊，點按〔對齊方式〕索引標籤。

STEP**06** 設定文字對齊方式為水平〔向左 (縮排)〕對齊。

STEP**07** 選擇縮排 1 個定位距離。

STEP**08** 點按〔確定〕按鈕，結束〔設定儲存格格式〕對話方塊的操作。

STEP**09** 完成選取範圍的向左縮排對齊之設定。

在〔成交案件數〕工作表的儲存格 M5:M14 中插入〔輸贏走勢分析圖〕，以便比較第 1 週到第 10 週期間，每週成交數值變化的趨勢。

評量領域：管理資料儲存格和範圍

評量目標：視覺化摘要資料

評量技能：插入走勢圖

解題步驟

STEP**01**　點選〔成交案件數〕工作表。

STEP**02**　選取工作表上的儲存格範圍 M5:M14。

STEP**03**　點按〔插入〕索引標籤。

STEP**04**　點按〔走勢圖〕群組裡的〔輸贏分析〕命令按鈕。

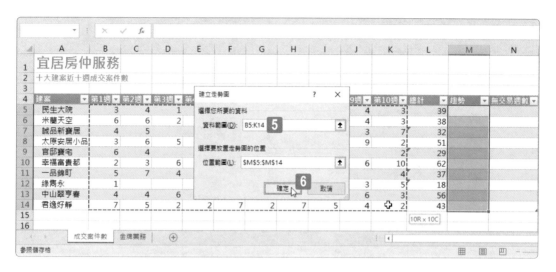

開啟〔建立走勢圖〕對話方塊，在〔資料範圍〕文字方塊裡輸入或選
取儲存格位址 B5:K14。

STEP06 點按〔確定〕按鈕。

建案	第1週	第2週	第3週	第4週	第5週	第6週	第7週	第8週	第9週	第10週	總計	趨勢	無交易週數
民生大院	3	4	1	4	5	5	6	4	4	3	39		
米蘭天空	6	6	2	3	3	1	6	4	4	3	38		
誠品新賽居	4	5		2	6	4	1		3	7	32		
太原安居小品	3	6	5	9	2	6	3	6	9	2	51		
官邸賽宅	6	4		3	4	5		5		2	29		
幸福富貴都	2	3	6	8	9	7	4	7	6	10	62		
一品錦町	5	7	4			3	9	5		4	37		
綠舞永	1			4	1		4	3	5	18			
中山翠亨春	4	4	6	4	8	7	7	7	6	3	56		
君逸好靜	7	5	2	2	7	2	7	5	4	2	43		

STEP07 立即在儲存格範圍 M5:M14 建立了輸贏分析走勢圖。

在〔成交案件數〕工作表中，為表格中添加〔合計列〕。然後，設定〔合計列〕可以統計每一週的建案成交總數量以及 10 週的合計總列。

評量領域：管理表格和表格資料

評量目標：修改表格

評量技能：插入和設定合計列

〔解題步驟〕

STEP**01**　點選〔成交案件數〕工作表。

STEP**02**　點選此工作表裡資料表格所在處裡的任一儲存格位址，例如：C6。

STEP**03**　視窗上方功能區裡立即顯示〔表格工具〕，點按其下方的〔設計〕索引標籤。

STEP**04**　勾選〔表格樣式選項〕群組裡的〔合計列〕核取方塊。

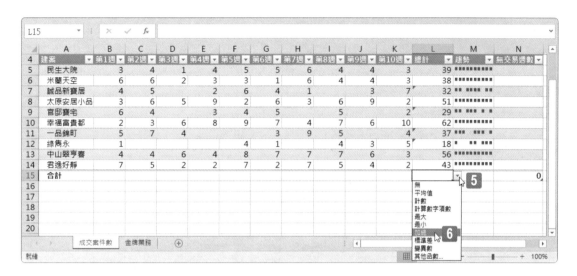

STEP **05** 資料表下方裡即顯示合計列，點選合計列上位於儲存格 **L15** 的總計之
合計下拉選項按鈕。

STEP **06** 點選〔加總〕選項。

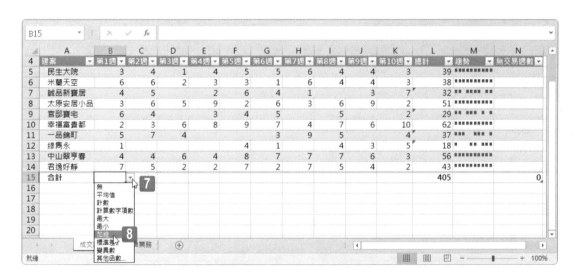

STEP **07** 繼續點按合計列上位於儲存格 **B15** 的第 1 週之合計下拉選項按鈕。

STEP **08** 點選〔加總〕選項。

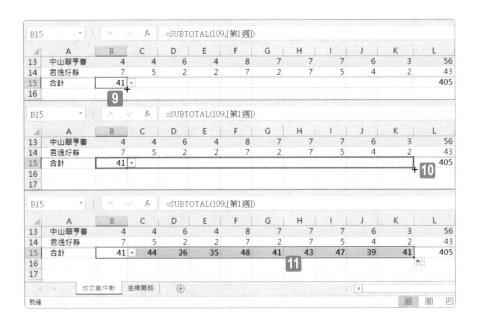

STEP**09** 點選儲存格 **B15** 後，將滑鼠游標移至此作用儲存格右下角的小點 (填滿控點)，此時滑鼠指標形狀將呈現小十字狀。

STEP**10** 往右拖曳至儲存格 **K15**。

STEP**11** 立即完成合計列上的 10 週加總運算。

在〔成交案件數〕工作表的〔無單月數〕欄位中，使用函數統計對各代理人未能售出新保單的月份數。

評量領域：使用公式和函數執行作業

評量目標：計算和轉換資料

評量技能：使用 COUNT()、COUNTA() 和 COUNTBLANK() 等函數計算儲存格數量

解題步驟

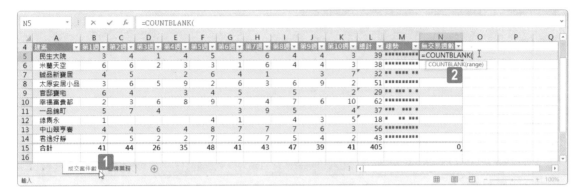

STEP**01** 點選〔成交案件數〕工作表。

STEP**02** 點選儲存格 N5 並輸入函數公式「= COUNTBLANK(」。

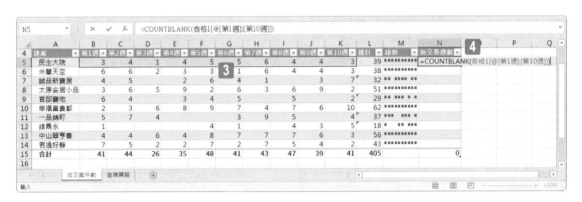

STEP**03** 接著,選取儲存格範圍 B5:K5。

STEP**04** 由於這是資料表範圍,因此公式的參照為結構化參照方式,顯示著參照的資料表名稱於資料欄位名稱。

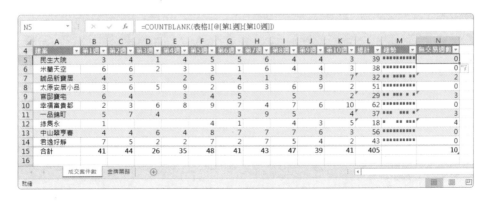

STEP**05** 完成 COUNTBLANK 函數的建立後,按下 Enter 按鍵便會自動完成整個欄位的公式建立。

在這個題目所評量的技巧是 COUNTBLANK 函數的使用，此函數是用來計算儲存格範圍中空白儲存格的數目。

語法：

COUNTBLANK(range)

參數：

● **range**

這是不可省略的必要參數，用來表明要計算空白儲存格的範圍所在。

注意，若範圍裡的儲存格內含 ""（空白文字），也會納入計算。不過，包含零值的儲存格則不會計算。

此評量若使用另一常用的統計函數：COUNTIF 也可以達到相同的目的。COUNTIF 函數是用來計算符合指定準則條件的儲存格數目。

語法：

COUNTIF(range,criteria)

參數：

● **range**

這是不可省略的必要參數，用來表明要評估相關準則與條件的儲存格範圍。

● **criteria**

這也是必要的參數，用來描述準則與條件。可以是數值、運算式、儲存格參照或文字形式的準則敘述，用來定義哪些符合準則的儲存格會被計算在內。

例如：

若要評估儲存格範圍 A2:A9 裡等於 75 的儲存格有幾個，可以輸入以下函數：

=COUNTIF(A2:A9,32)

若要評估儲存格範圍 B2:B9 裡大於等於 75 的儲存格有幾個，可以輸入以下函數：

=COUNTIF(B2:B9, ">75")

若要評估儲存格範圍 C2:C9 裡的空白儲存格有幾個，可以輸入以下函數：

=COUNTIF(C2:C9, "")

因此，此題目的運算在儲存格 N5 也可以寫成：

=COUNTIF(B5:K5, "")

以結構化參照的公式而言，即為：

=COUNTIF(表格 1[@[第 1 週]:[[第 10 週]], "")

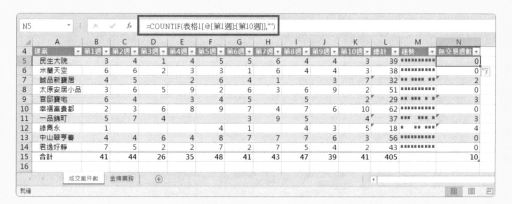

在〔金牌業務〕工作表中，使用函數在〔電子郵件地址〕欄位中，將〔英文名字〕和〔@goodhouse.com.tw〕合併為每個人的電子郵件地址。

評量領域：使用公式和函數執行作業

評量目標：格式化和修改文字

評量技能：使用 CONCAT() 和 TEXTJOIN() 等函數格式化文字

解題步驟

STEP **01** 點選〔金牌業務〕工作表。

STEP **02** 點選儲存格 D5 並輸入等於符號「 = 」開始進行公式的建立。

STEP **03** 點選儲存格 C5。

STEP **04** 在公式中以結構化名稱的方式參照該儲存格。

STEP**05**　緊接著按下字串連結符號「**&**」再輸入字串「**"@goodhouse.com. tw"**」，將儲存格 **C5** 的內容與電子郵件地址的網域文字串接在一起。 然後按下 **Enter** 按鍵。

STEP**06**　最後，〔英文名字〕和〔@goodhouse.com.tw〕會串接成電子郵件 地址，也完成了整個欄位的公式運算。

在 Excel 的公式編輯中，「&」符號是字串連接的運算子 (Operator)，常被應用於儲存格內容要進行串接或與指定的字串進行串接時的便利算式。至於 Excel 的眾多函數中，也有專職於字串銜接的函數。例如：CONCATENATE 函數，可以將兩個或多個資料內容 (文字或數值) 合併成一個字串。

語法：

CONCATENATE(text1, [text2], ...)

參數：

● **text1**

這是必要的參數，即第一個要合併的項目，此項目可以是文字、數值或儲存格參照。

● **text2, ...**

這是選用的參數，用來表明其他想要合併的項目內容，最多可有 255 個項目，總計銜接的字串長度最多可達 8,192 個字元。

因此，此題目的解題也可以使用 CONCATENATE 函數，撰寫成：

=CONCATENATE([@ 英文名], "@goodhouse.com.tw")

在〔成交案件數〕工作表中,將〔圖表版面〕修改為〔版面配置 4〕,以調整圖表上顯示的元素。

評量領域:管理圖表

評量目標:格式化圖表

評量技能:套用圖表版面配置

解題步驟

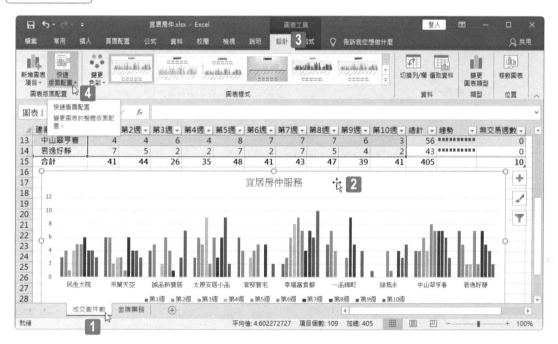

STEP**01** 點選〔成交案件數〕工作表。

STEP**02** 點選此工作表裡的統計圖表。

STEP**03** 視窗上方功能區裡立即顯示〔圖表工具〕,點按其下方的〔設計〕索引標籤。

STEP**04** 點按〔圖表版面配置〕群組裡的〔快速版面配置〕命令按鈕。

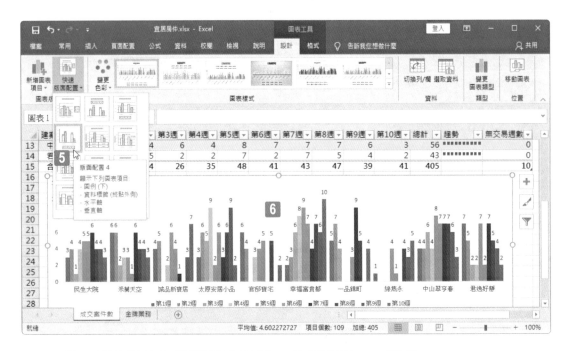

^{STEP}**05** 從展開的版面配置選單中點選〔版面配置 4〕選項。

^{STEP}**06** 圖表上的各元件與格式效果將立即調整。

專案 **5** 內部教育訓練

企業人資部門的內部教育訓練是頗為日常的工作，但是，藉由內部人員訓練課程申請表單的設計與建立，以及訓練課程資料的規劃、查詢、篩選、費用統計、滿意度調查分析，將讓繁複的日常工作執行得更有效率。

| 1 | 2 | 3 | 4 | 5 | 6 |

在〔上課申請表〕工作表中，以刪除儲存格 F5:G5 的方式，將儲存格 F6:G40 上移，使表格對齊。

評量領域：管理資料儲存格和範圍
評量目標：操控活頁簿中的資料
評量技能：插入和刪除儲存格

解題步驟

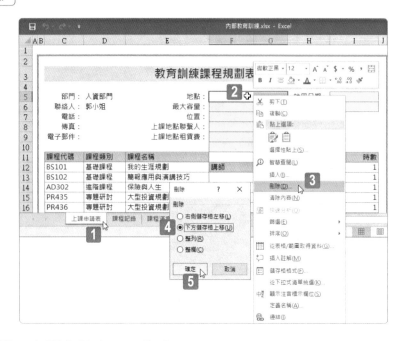

STEP**01**　點選〔上課申請表〕工作表。

STEP**02**　選取儲存格範圍 F5:G5，並以滑鼠右鍵點選此選取範圍。

STEP**03**　從展開的快顯功能表，點選〔刪除〕功能選項。

STEP**04**　開啟〔刪除〕對話方塊，點選〔下方儲存格上移〕選項。

STEP**05**　點按〔確定〕按鈕。

STEP**06**　剛剛選取的儲存格已被刪除，而其下方的範圍內容則自動上移，修復
了此資料報表。

在〔課程清單〕工作表中,對儲存格 A1 套用〔標題〕樣式。

評量領域:管理資料儲存格和範圍

評量目標:格式化儲存格和範圍

評量技能:套用儲存格樣式

解題步驟

STEP**01** 點選〔課程清單〕工作表。

STEP**02** 點選儲存格 A1。

STEP**03** 點按〔常用〕索引標籤。

STEP**04** 點按〔樣式〕群組裡的〔其他〕命令按鈕。

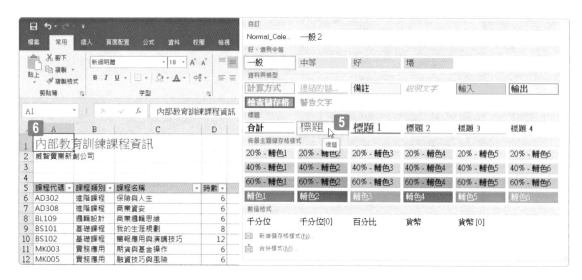

STEP 05 從展開的儲存格樣式清單中點選〔標題〕樣式。

STEP 06 事先選定的儲存格 A1 立即套用了〔標題〕樣式。

在〔課程記錄〕工作表中，篩選表格資料，使其只顯示來自〔雙北區業務六課〕的課程記錄。

評量領域：管理表格和表格資料

評量目標：篩選和排序表格資料

評量技能：篩選記錄

解題步驟

STEP**01** 　點選〔課程記錄〕工作表。

STEP**02** 　點選此工作表裡位於儲存格 **B4** 的〔需求單位〕欄位旁倒三角形按鈕。

STEP**03** 　從展開的排序 / 篩選功能選單中，取消〔全選〕核取方塊的勾選。

STEP**04** 　僅勾選〔雙北區業務六課〕核取方塊。

STEP**05** 　按下〔確定〕按鈕。

STEP**06** 　順利篩選來自〔雙北區業務六課〕的課程記錄。

STEP**07** 　此例的篩選結果總共有 **25** 筆資料記錄。

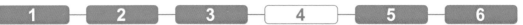

在〔課程清單〕工作表中，在〔補充保費〕欄位中輸入公式，計算〔講師費〕欄位中的數值與儲存格 K3 的乘積。

評量領域：使用公式和函數執行作業

評量目標：插入參照

評量技能：在公式中參照已命名的範圍和已命名的表格

解題步驟

STEP **01**　點選〔課程清單〕工作表。

STEP **02**　點選儲存格 J6 並輸入等於符號「=」開始建立公式。

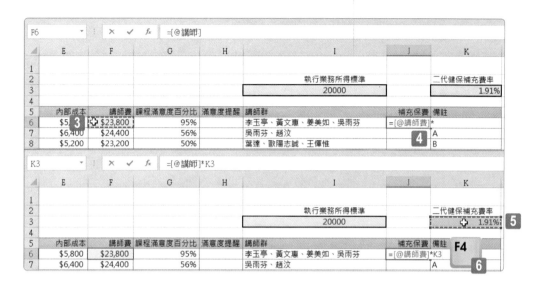

STEP**03** 點選儲存格 **F6**。

STEP**04** 在公式中參照此儲存格，接著按下乘法符號「*****」。

STEP**05** 再點選儲存格 **K3**。

STEP**06** 按下功能鍵 **F4** 按鍵。

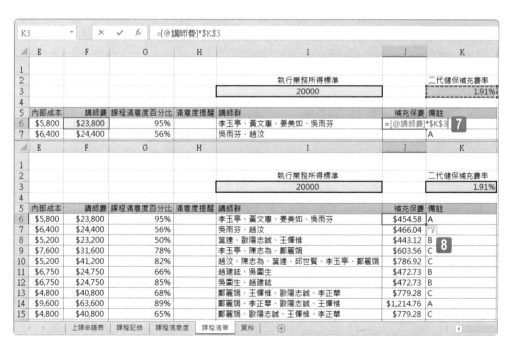

STEP**07** 以絕對位址參照儲存格 **K3**，完成乘法公式後按下 **Enter** 按鍵。

STEP**08** 立即完成補充保費的公式建立與運算。

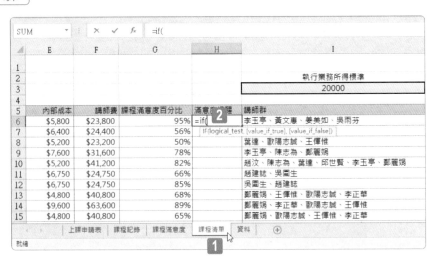

在〔課程清單〕工作表中，在〔滿意度提醒〕欄位中使用函數，使其在〔課程滿意度百分比〕低於 70% 時顯示「差」。否則不顯示任何訊息。

評量領域：使用公式和函數執行作業

評量目標：計算和轉換資料

評量技能：使用 IF() 函數執行條件式作業

解題步驟

STEP01 點選〔課程清單〕工作表。

STEP02 點選儲存格 H6 並輸入函數公式「= if(」。

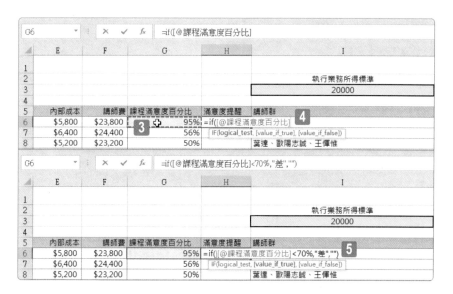

STEP**03** 接著，點選儲存格 G6，以此儲存格位址為 if 函數裡的第一個參數。

STEP**04** 由於公式是建立在資料表裡，因此點選參照的儲存格位址，會自動以結構化參照的方式呈現。

STEP**05** 繼續編輯 if 函數，整個 if 函數的算式為「=if([@ 課程滿意度百分比]<70%," 差 ","")」。

STEP**06** 完成函數的建立後按下 Enter 按鍵，整個資料表的〔滿意度提醒〕欄位便全部計算完成。

這個題目所評量的技巧是 IF 函數的使用，IF 函數是 Excel 數百個函數中十分熱門且常用的函數之一，可以讓您在單一儲存格內設計兩種以上的運算式或值，再透過邏輯比較以決定要進行哪一種運算式的運算或值的取得。

語法：

IF(logical_test,[value_if_true],[value_if_false])

參數：

- **logical_test**

  這是不可省略的參數，用來建立條件判斷式，是一種關係判斷式，用來描述算式是否成立的邏輯判斷，因此，此參數的結果不是 True 就是 False 的邏輯值。

- **[value_if_true]**

  此參數是用來設定當 logical_test 的判斷式結果為 True 時（也就是第一個參數所敘述的條件判斷式成立時），所要執行的運算式或是想要傳回的值。

- **[value_if_false]**

  此參數是用來設定當 logical_test 的判斷式結果為 True 時（也就是第一個參數所敘述的條件判斷式不成立時），所要執行的運算式或是想要傳回的值。

在〔課程滿意度〕圖表工作表中，在圖表頂部的繪圖區內添加〔圖表標題〕。並在每個資料橫條右側添加〔資料標籤〕以顯示各項資料的百分比值。

評量領域：管理圖表

評量目標：修改圖表

評量技能：新增和修改圖表項目

解題步驟

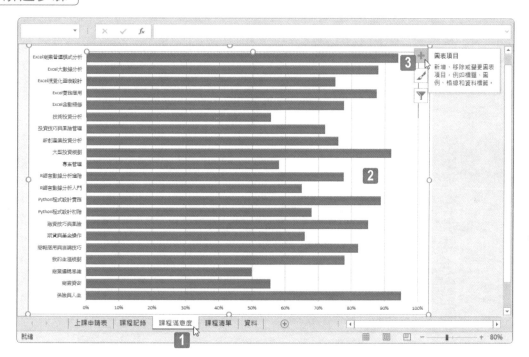

STEP**01**　點選〔課程滿意度〕工作表。

STEP**02**　點選此工作表裡的統計圖表。

STEP**03**　點按圖表右上方的「＋」圖表項目按鈕。

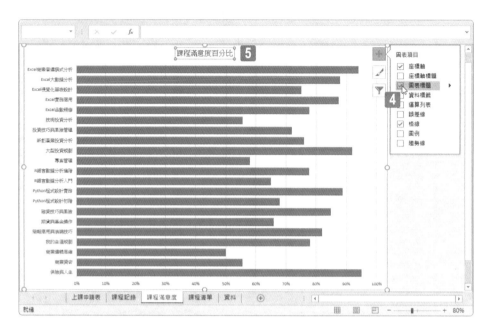

STEP 04 從展開的圖表項目功能選單中勾選〔圖表標題〕核取方塊。

STEP 05 圖表上方立即產生圖表標題文字方塊。

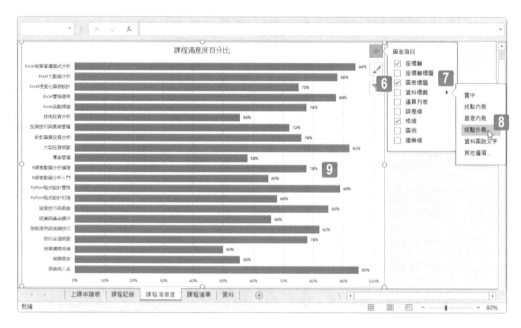

STEP 06 滑鼠游標移至圖表項目功能選單中的〔資料標籤〕選項。

STEP 07 點按此選項右側的三角形按鈕,以展開資料標籤的副選單。

STEP 08 點選資料標籤的顯示位置為〔終點外側〕。

STEP 09 水平橫條圖的橫條右側立即顯示各項資料的百分比值。

專案 **6** **碁峰科大**

您是科技大學的大數據分析中心員工，正準備分析近年的在學人數，以及特定學科的檢定學習成績統計，並完成各種不同需求的資料表格與圖表的建立與編輯。

在〔在學人數〕工作表的儲存格 A2 中，插入指向〔http://gotop.edu.tw〕的超連結，並設定該連結的〔螢幕提示〕文字為「學校網站」。

評量領域：管理工作表和活頁簿
評量目標：在活頁簿中瀏覽
評量技能：插入和移除超連結

解題步驟

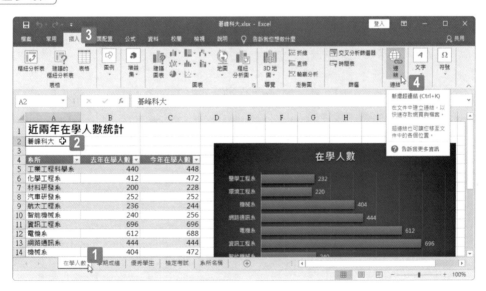

STEP**01** 點選〔在學人數〕工作表。

STEP**02** 點選儲存格 A2。

STEP**03** 點按〔插入〕索引標籤。

STEP**04** 點按〔連結〕群組裡的〔連結〕命令按鈕。

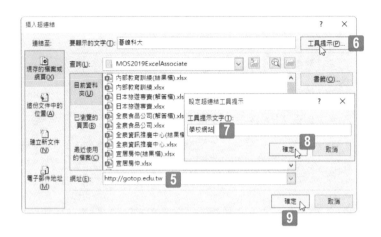

STEP**05** 開啟〔插入超連結〕對話方塊,在底部的〔網址〕文字方塊裡輸入網址「http://gotop.edu.tw」。

STEP**06** 點按右上角的〔工具提示〕按鈕。

STEP**07** 開啟〔設定超連結工具提示〕對話方塊,在〔工具提示文字〕的文字方塊裡輸入「學校網站」。

STEP**08** 點按〔確定〕按鈕,結束〔設定超連結工具提示〕對話方塊的操作。

STEP**09** 回到〔插入超連結〕對話方塊,點按〔確定〕按鈕。

STEP**10** 當滑鼠游標移至儲存格 A2 時,立即顯示此儲存格裡的超連結之文字提示訊息:「學校網站」。

在〔檢定考試〕工作表中，顯示公式而非計算結果。

評量領域：管理工作表和活頁簿

評量目標：自訂選項和檢視

評量技能：顯示公式

解題步驟

STEP**01** 點選〔檢定考試〕工作表。

STEP**02** 點按〔公式〕索引標籤。

STEP**03** 點按〔公式稽核〕群組裡的〔顯示公式〕命令按鈕。

| 1 | — | 2 | — | 3 | — | 4 | — | 5 | — | 6 |

刪除活頁簿中的〔文件摘要資訊與私人資訊〕。不要刪除其他任何內容。

評量領域：管理工作表和活頁簿

評量目標：設定內容以進行協同作業

評量技能：檢查活頁簿是否有任何問題

解題步驟

STEP**01**　點按〔檔案〕索引標籤。

STEP**02**　開啟後台管理頁面，點按〔資訊〕選項。

STEP**03**　點按〔檢查問題〕按鈕。

STEP**04**　從展開的功能選單中點選〔檢查文件〕選項。

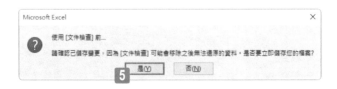

STEP**05**　顯示檢查文件的存檔提示，點按〔是〕按鈕。

STEP**06**

開啟〔文件檢查〕對話方塊,點按〔檢查〕按鈕。

STEP**07**

點按〔文件摘要資訊與個人資訊〕選項右側的〔全部移除〕按鈕。

STEP**08**

完成〔文件檢查〕的對話方塊操作,點按〔關閉〕按鈕。

在〔優秀學生〕工作表中，在〔獎學金〕欄位中使用函數，使其在〔學年成績〕等於或大於 3.85 時顯示「5000」。否則，顯示「2500」。

評量領域：使用公式和函數執行作業

評量目標：計算和轉換資料

評量技能：使用 IF() 函數執行條件式作業

解題步驟

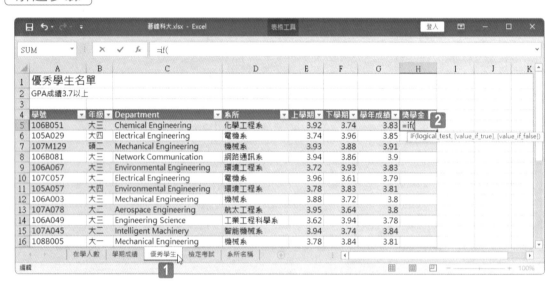

STEP01　點選〔優秀學生〕工作表。

STEP02　點選儲存格 H5 並輸入函數公式「= if(」。

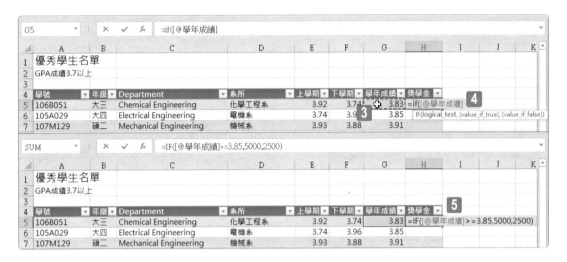

STEP 03 點選儲存格 G5，以此儲存格位址為 if 函數裡的第一個參數。

STEP 04 由於公式是建立在資料表裡，因此點選參照的儲存格位址，會自動以結構化參照的方式呈現。

STEP 05 繼續編輯 if 函數，整個 if 函數的算式為「=if([@ 學年成績]>=3.85,5000,2500)」。

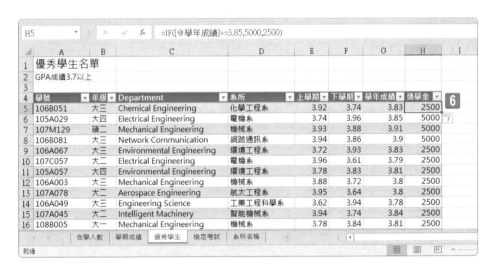

STEP 06 完成函數的建立後按下 Enter 按鍵，整個資料表的〔獎學金〕欄位便全部計算完成，此欄位的內容若不是 5000 便是 2500。

這個題目所評量的技巧是 IF 函數的使用，IF 函數是 Excel 數百個函數中十分熱門且常用的函數之一，可以讓您在單一儲存格內設計兩種以上的運算式或值，再透過邏輯比較以決定要進行哪一種運算式的運算或值的取得。

語法：

IF(logical_test,[value_if_true],[value_if_false])

參數：

● **logical_test**

這是不可省略的參數，用來建立條件判斷式，是一種關係判斷式，用來描述算式是否成立的邏輯判斷，因此，此參數的結果不是 True 就是 False 的邏輯值。

● **[value_if_true]**

此參數是用來設定當 logical_test 的判斷式結果為 True 時（也就是第一個參數所敘述的條件判斷式成立時），所要執行的運算式或是想要傳回的值。

● **[value_if_false]**

此參數是用來設定當 logical_test 的判斷式結果為 True 時（也就是第一個參數所敘述的條件判斷式不成立時），所要執行的運算式或是想要傳回的值。

在〔學期成績〕工作表中，修改〔學系代碼〕欄位中的公式，使所有字母顯示為大寫字母。

評量領域：使用公式和函數執行作業

評量目標：格式化和修改文字

評量技能：使用 RIGHT()、LEFT() 和 MID() 等函數格式化文字

解題步驟

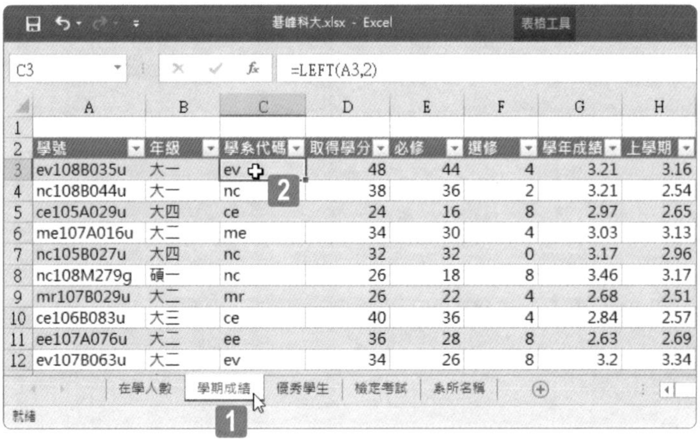

STEP**01** 點選〔學期成績〕工作表。

STEP**02** 點按兩下儲存格 C3 進入此儲存格的編輯狀態。

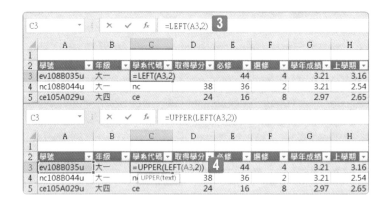

STEP**03** 進入儲存格編輯狀態時，可以直接在工作表上的儲存格裡編輯公式，
亦可在公式編輯列上編輯公式。

STEP**04** 將原本的公式「=LEFT(A3,2)」改成「=UPPER(LEFT(A3,2))」然後
按下 Enter 按鍵。

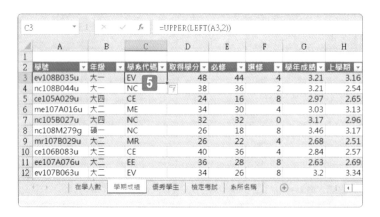

STEP**05** 完成公式的建立，此欄位裡的內容全部變成大寫了。

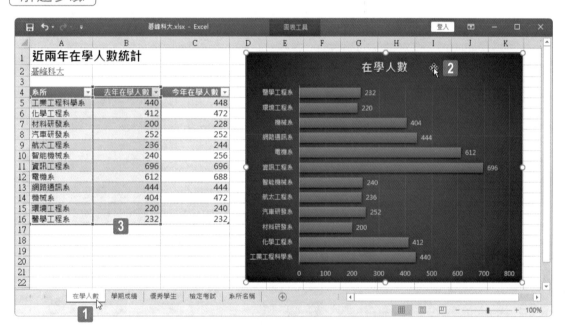

在〔在學人數〕工作表中，擴展圖表資料範圍，使其包括〔今年在學人數〕的資料。

評量領域：管理圖表

評量目標：修改圖表

評量技能：將資料數列新增至圖表

解題步驟

STEP01　點選〔在學人數〕工作表。

STEP02　點選此工作表裡的統計圖表。

STEP03　該統計圖表的資料來源是來自工作表上的哪些範圍，會立即以色彩框線標示於工作表上。

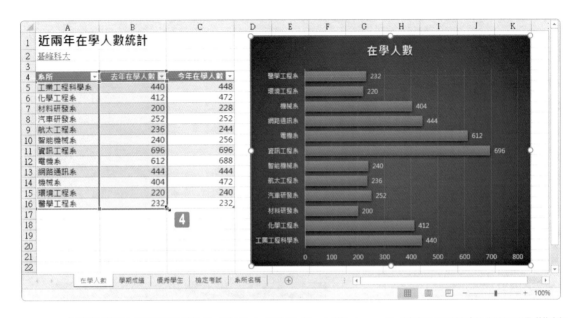

STEP**04** 將滑鼠游標移至藍色框線右下角的小點上,此時滑鼠游標將呈現雙箭頭狀。此藍色框線的範圍大小即代表統計圖表上原本〔去年在學人數〕資料數列的來源位置。

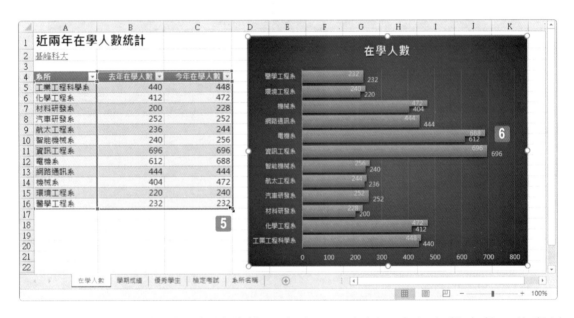

STEP**05** 往右拖曳調整藍色框線的範圍大小,以囊括〔今年在學人數〕的資料欄位。

STEP**06** 統計圖表立即擴展資料範圍,顯示出第二組資料數列:〔今年在學人數〕的資料。

模擬試題 II

此小節設計了一組包含 **Excel** 各項必備基礎技能的評量
實作題目,可以協助讀者順利挑戰各種與 **Excel** 相關的
基本認證考試,共計有 **6** 個專案,每個專案包含 **5** ～ **6** 項
任務。

專案 1 典藏咖啡

這是一個食品公司的實務案例，準備匯入外部資料進行資料報表的製作，以利於爾後的資料查詢。並調整工作表的適合格式、建立走勢圖表與統計圖表，讓資料的視覺化呈現更完善。

| 1 | 2 | 3 | 4 | 5 | 6 |

在〔新產品〕工作表中，從儲存格 A1 開始，匯入〔文件〕資料夾裡的〔新產品〕文字檔裡的所有內容，將資料來源的第一列視為標題。

評量領域：管理工作表和活頁簿
評量目標：匯入資料至活頁簿
評量技能：從 .txt 檔案匯入資料

解題步驟

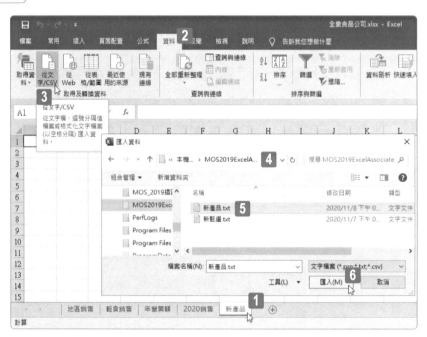

STEP**01** 開啟活頁簿檔案後，點選〔新產品〕工作表。

STEP**02** 點按〔資料〕索引標籤。

STEP**03** 點按〔取得及轉換資料〕群組裡的〔從文字 /CSV〕命令按鈕。

STEP**04** 開啟〔匯入資料〕對話方塊,點選檔案路徑。

STEP**05** 點選〔新產品〕文字檔。

STEP**06** 點按〔匯入〕按鈕。

STEP**07** 開啟匯入文字的對話視窗,在此預覽〔新產品〕文字檔的內容,亦可改變分隔符號的選項。

STEP**08** 點按〔載入〕按鈕右側的倒三角形按鈕。

STEP**09** 從展開的功能選單中點選〔載入至…〕功能選項。

STEP**10**

開啟〔匯入資料〕對話方塊,點選〔表格〕選項。

STEP**11**

點選〔將資料放在〕選項底下的〔目前工作表的儲存格〕,並輸入或點選儲存格位址 A1。

STEP**12**

點按〔確定〕按鈕。

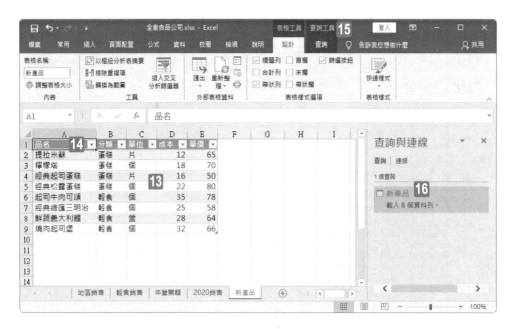

STEP**13** 完成文字檔案的匯入並在工作表上形成一張新的資料表。

STEP**14** 由於是透過 Power Query 查詢編輯器完成外部資料的匯入，因此也建立了一個新的查詢，當作用中的儲存格是停留在此匯入的資料表裡的任意儲存格位址 (例如 A1)。

STEP**15** 視窗上方會有〔查詢工具〕的顯示。

STEP**16** 視窗右側亦會開啟〔查詢與連線〕工作窗格，而預設的查詢名稱即與匯入的檔案同名。

由於這是透過查詢工具建立的資料表，因此當作用儲存格在此資料表裡的任一儲存格時，視窗頂端亦會顯示〔查詢工具〕以及〔查詢〕索引標籤，讓使用者可以隨時再透過功能區裡的工具與命令按鈕進行查詢作業。

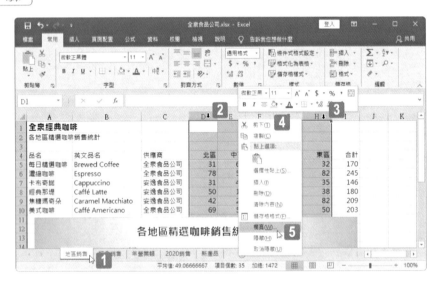

在〔地區銷售〕工作表中，將欄位 D:H 的欄位寬度設定為 6。

評量領域：管理工作表和活頁簿

評量目標：格式化工作表和活頁簿

評量技能：調整列高和欄寬

解題步驟

STEP01　點選〔地區銷售〕工作表。

STEP02　點選整個 D 欄位。

STEP03　按住 Shift 按鍵不放，點選整個 H 欄位，以複選 D 到 H 欄位。

STEP04　以滑鼠右鍵點按選取的欄名。

STEP05　從展開的快顯功能表中點選〔欄寬〕功能選項。

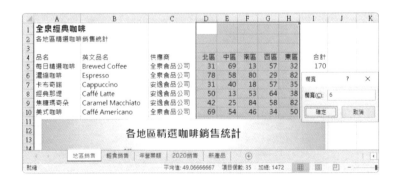

STEP06

開啟〔欄寬〕對話方塊，輸入欄寬為「6」並按下〔確定〕按鈕。

在〔輕食銷售〕工作表中，至儲存格 I4:I36 插入直條走勢圖，以了解近 6 季的成長趨勢。

評量領域：管理資料儲存格和範圍

評量目標：視覺化摘要資料

評量技能：插入走勢圖

解題步驟

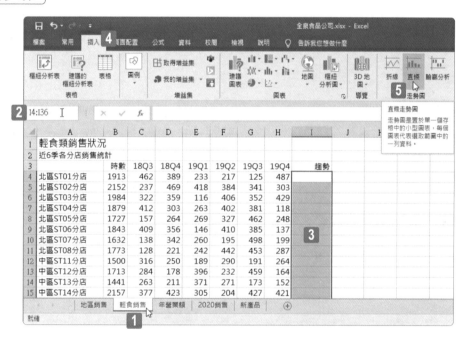

STEP01 點選〔輕食銷售〕工作表。

STEP02 點按工作表左上角的名稱方塊，在此輸入「I4:I36」然後按下 Enter 按鍵。

STEP03 選取儲存格範圍 I4:I36。

STEP04 點按〔插入〕索引標籤。

STEP05 點按〔走勢圖〕群組裡的〔直條〕命令按鈕。

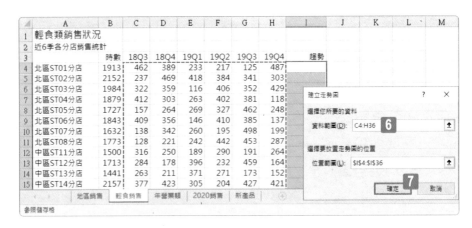

STEP**06** 開啟〔建立走勢圖〕對話方塊，在〔資料範圍〕文字方塊裡輸入或選取儲存格位址 C4:H36。

STEP**07** 點按〔確定〕按鈕。

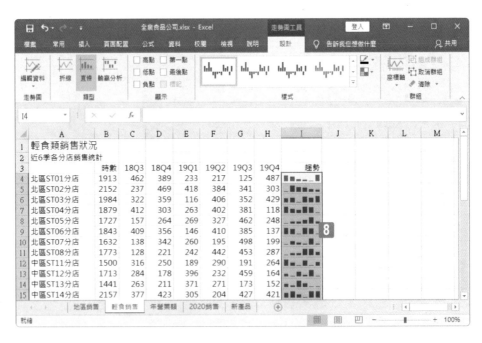

STEP**08** 立即在儲存格範圍 I4:I36 建立了直條走勢圖。

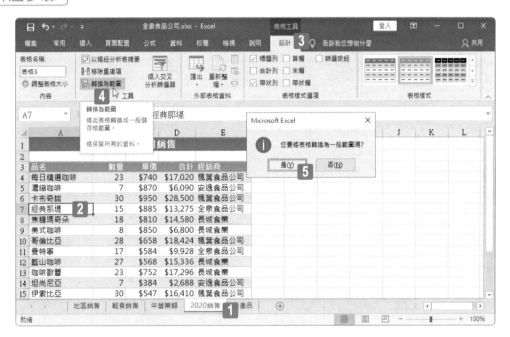

在〔2020 銷售〕工作表中,將名為「表格 3」的表格,轉換為一般傳統的儲存格範圍。請保留目前的格式設定。

評量領域:管理表格和表格資料

評量目標:建立和格式化表格

評量技能:將表格轉換為儲存格範圍

解題步驟

STEP**01** 點選〔2020 銷售〕工作表。

STEP**02** 點選此工作表裡資料表格所在處裡的任一儲存格位址,例如:A7。

STEP**03** 視窗上方功能區裡立即顯示〔表格工具〕,點按其下方的〔設計〕索引標籤。

STEP**04** 點按〔工具〕群組裡的〔轉換為範圍〕命令按鈕。

STEP**05** 顯示確認要將資料表格轉換為一般傳統儲存格範圍的對話方塊,點按〔是〕按鈕。

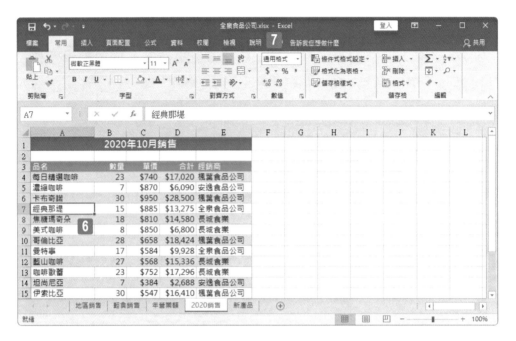

STEP**06** 原本的資料表格變成一般的範圍，但儲存格格式顏色依舊。

STEP**07** 轉換為範圍後，視窗上方功能區裡不再顯示〔表格工具〕與其相關的功能選項介面。

1	2	3	4	5	6

在〔年營業額〕工作表中，搬移工作表上的統計圖表，移至命名為「歷年營業額圖表」的新圖表工作表中。

評量領域：管理圖表
評量目標：建立圖表
評量技能：建立圖表工作表

解題步驟

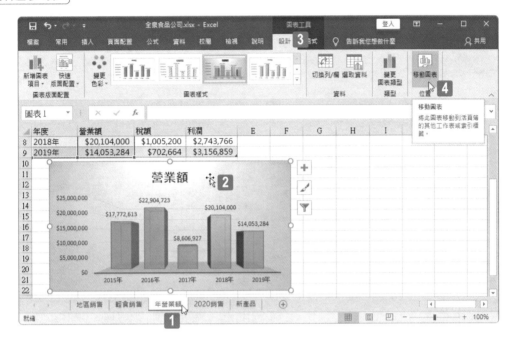

STEP**01** 點選〔年營業額〕工作表。

STEP**02** 點選此工作表裡的統計圖表。

STEP**03** 視窗上方功能區裡立即顯示〔圖表工具〕，點按其下方的〔設計〕索引標籤。

STEP**04** 點按〔位置〕群組裡的〔移動圖表〕命令按鈕。

STEP**05**

開啟〔移動圖表〕對話方塊，點選〔新工作表〕選項。

STEP**06**

輸入新工作表名稱為「歷年營業額圖表」。

STEP**07**

點按〔確定〕按鈕，結束〔移動圖表〕對話方塊的操作。

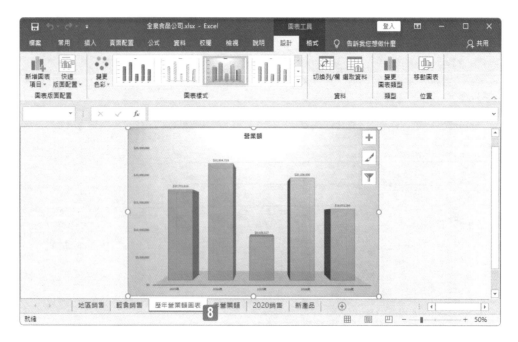

STEP **08**　原本位於〔年營業額〕工作表裡的統計圖表，已經搬移到名為〔歷年營業額圖表〕的工作表中。

在〔地區銷售〕工作表中修改圖表，設定主要垂直座標軸的座標軸標題顯示為「數量（包）」。設定主要水平座標軸的座標軸標題顯示為「咖啡品名」，然後，設定主要垂直座標軸的座標軸標題文字為直書格式。

評量領域：管理圖表

評量目標：修改圖表

評量技能：新增和修改圖表項目

解題步驟

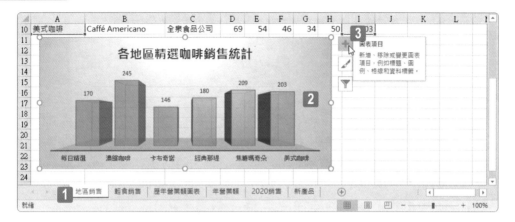

STEP**01** 點選〔地區銷售〕工作表。

STEP**02** 點選此工作表裡的統計圖表。

STEP**03** 點按圖表右上方的「+」圖表項目按鈕。

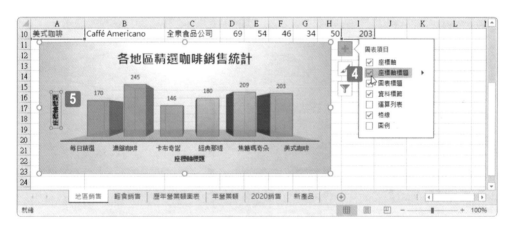

STEP**04** 從展開的圖表項目功能選單中勾選〔座標軸標題〕核取方塊。

STEP**05** 點選圖表左側剛剛產生的垂直 (值) 軸標題文字方塊。

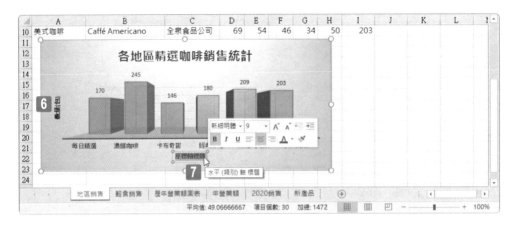

STEP **06** 輸入新的垂直 (值) 軸標題文字為「數量 (包)」。

STEP **07** 選取圖表下方剛剛產生的水平 (類別) 軸標題文字方塊。

STEP **08** 輸入新的水平 (類別) 軸標題文字為「咖啡品名」。

STEP **09** 點選圖表左側剛完成輸入的垂直 (值) 軸標題文字為「數量 (包)」。

STEP **10** 點按〔圖表工具〕下方的〔格式〕索引標籤。

STEP **11** 點按〔目前的選取範圍〕群組裡的〔格式化選取範圍〕命令按鈕。

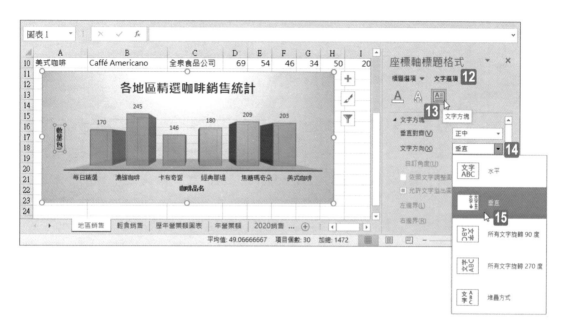

STEP**12** 畫面右側開啟〔座標軸標題格式〕工作窗格，點按〔文字選項〕。

STEP**13** 點按〔文字方塊〕按鈕。

STEP**14** 點按〔文字方向〕右側的下拉式選單。

STEP**15** 點選〔垂直〕選項。

專案 **2** 快樂旅行社

這是一個專營東北亞與澳洲行程的旅行社，您是業務主管，企圖透過各種旅遊團的出團資訊報表，以及各行程報名人數的統計分析與圖表製作，有效掌控旅遊情資與營運作業。

複製〔日韓旅遊團〕工作表的標題與副標題格式，將其套用於〔港澳旅遊團〕工作表的標題與副標題。

評量領域：管理資料儲存格和範圍
評量目標：格式化儲存格和範圍
評量技能：使用複製格式功能格式化儲存格

解題步驟

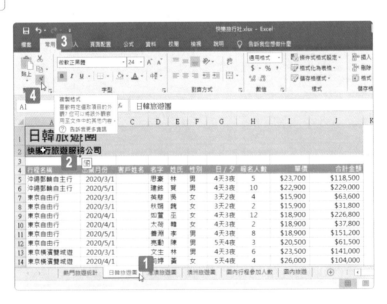

STEP**01** 點選〔日韓旅遊團〕工作表。

STEP**02** 選取儲存格範圍 A1:A2。

STEP**03** 點按〔常用〕索引標籤。

STEP**04** 點按〔剪貼簿〕群組裡的〔複製格式〕命令按鈕。

STEP**05** 此時滑鼠游標若停在工作表上，將呈現一把刷子狀的指標。

STEP**06** 點選〔港澳旅遊團〕工作表，切換至此工作表畫面。

STEP**07** 將帶有一把刷子形狀的滑鼠指標，點選並拖曳〔港澳旅遊團〕工作表的儲存格 A1。

STEP**08** 從儲存格 A1 拖曳至儲存格 A2。

STEP**09** 順利在〔港澳旅遊團〕工作表的標題與副標題套用了與〔日韓旅遊團〕工作表相同的標題與副標題格式。

1	2	3	4	5	6

在〔日韓旅遊團〕工作表中,將表格命名為「日韓旅遊」。

評量領域:管理資料儲存格和範圍
評量目標:定義和參照已命名的範圍
評量技能:為表格命名

解題步驟

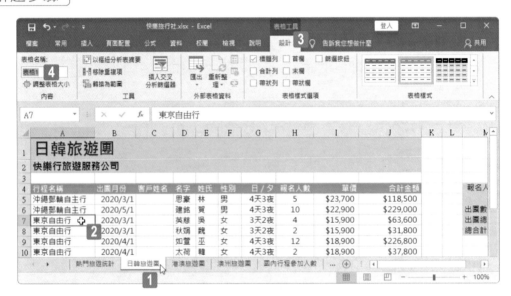

STEP01 點選〔日韓旅遊團〕工作表。

STEP02 點選此工作表裡資料表格所在處裡的任一儲存格位址,例如:A7。

STEP03 視窗上方功能區裡立即顯示〔表格工具〕,點按其下方的〔設計〕索引標籤。

STEP04 點按〔內容〕群組裡的〔表格名稱〕文字方塊,選取預設表格名稱。

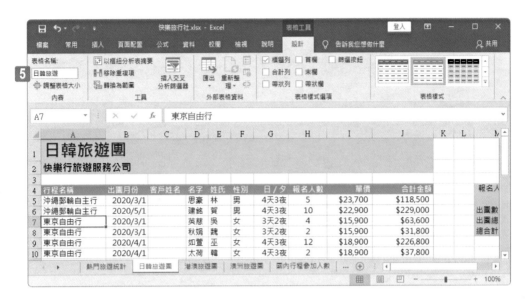

STEP **05** 輸入新的表格名稱「日韓旅遊」然後按下 Enter 按鍵。

在〔日韓旅遊團〕工作表中,修改〔表格樣式選項〕,使其每隔一列自動顯示網底。

評量領域:管理表格和表格資料

評量目標:修改表格

評量技能:設定表格樣式選項

解題步驟

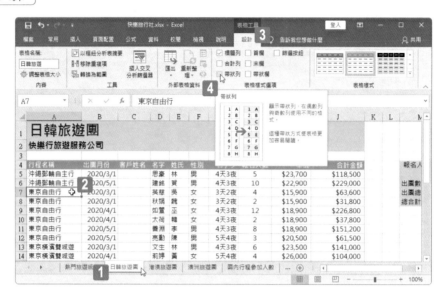

STEP**01**　點選〔日韓旅遊團〕工作表。

STEP**02**　點選此工作表裡資料表格所在處裡的任一儲存格位址，例如：A7。

STEP**03**　視窗上方功能區裡立即顯示〔表格工具〕，點按其下方的〔設計〕索引標籤。

STEP**04**　滑鼠游標移至〔表格樣式選項〕群組裡的〔帶狀列〕核取方塊。

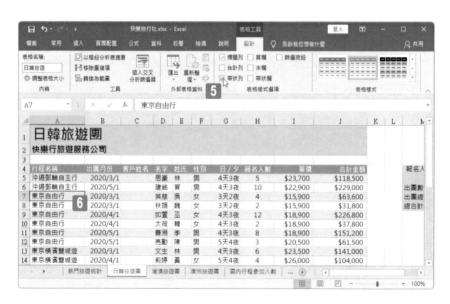

STEP**05**　勾選〔帶狀列〕核取方塊。

STEP**06**　表格裡的偶數列與奇數列將套用不同的儲存格格式。

| 1 | 2 | 3 | 4 | 5 | 6 |

在〔熱門旅遊統計〕工作表的儲存格 B32 中輸入公式,對名為〔日韓行程總計〕、〔港澳行程總計〕、〔澳洲行程總計〕的範圍數值計算總和。在公式中引用範圍名稱,而不是參照儲存格或數值。

評量領域:使用公式和函數執行作業
評量目標:插入參照
評量技能:在公式中參照已命名的範圍和已命名的表格

解題步驟

STEP01 點選〔熱門旅遊統計〕工作表。

STEP02 點選儲存格 B32 並輸入等於符號「=」開始進行公式的建立。

STEP03 按下功能鍵 F3 按鍵。

STEP04 開啟〔貼上名稱〕對話方塊,點選〔日韓行程總計〕範圍名稱,然後點按〔確定〕按鈕。

STEP05 完成公式裡的範圍名稱參照後,按下加法符號「+」。

STEP06 接著再按下功能鍵 F3 按鍵。

STEP07 再度開啟〔貼上名稱〕對話方塊,點選〔港澳行程總計〕範圍名稱,然後點按〔確定〕按鈕。

08 完成公式裡的第二個範圍名稱參照後，再次按下加法符號「+」。

09 再次按下功能鍵 F3 按鍵。

10 開啟〔貼上名稱〕對話方塊，點選〔澳洲行程總計〕範圍名稱，然後點按〔確定〕按鈕。

11 完成參照三個範圍名稱的加法公式後按下 Enter 按鈕。

12 立即取得人數總和的加總運算結果。

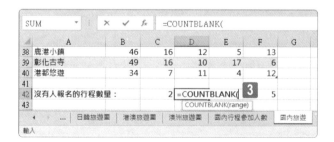

在〔國內旅遊〕工作表的儲存格 D43 中，使用函數統計〔第二季〕有多少個行程並沒有任何人報名參加？

評量領域：使用公式和函數執行作業

評量目標：計算和轉換資料

評量技能：使用 COUNT()、COUNTA() 和 COUNTBLANK() 等函數計算儲存格數量

解題步驟

STEP **01** 點選〔國內旅遊〕工作表。

STEP **02** 點選儲存格 D42 並按下等於符號「=」準備在此建立公式。

STEP **03** 輸入「= COUNTBLANK(」。

STEP**04** 點選儲存格 D5。

STEP**05** 往下拖曳選取從儲存格 D5 開始的縱向連續範圍直至儲存格 D40。

STEP**06** 由於這是資料表範圍，因此公式的參照為結構化參照方式，顯示著參照的資料表名稱於資料欄位名稱。

STEP**07** 完成 COUNTBLANK 函數的建立後，按下 Emter 按鍵便會顯示此函數的運算結果。

在這個題目所評量的技巧是 COUNTBLANK 函數的使用，此函數是用來計算儲存格範圍中空白儲存格的數目。

語法：

COUNTBLANK(range)

參數：

● **range**

這是不可省略的必要參數，用來表明要計算空白儲存格的範圍所在。

注意，若範圍裡的儲存格內含 ""（空白文字），也會納入計算。不過，包含零值的儲存格則不會計算。

此評量若使用另一常用的統計函數：COUNTIF 也可以達到相同的目的。COUNTIF 函數是用來計算符合指定準則條件的儲存格數目。

語法：

COUNTIF(range,criteria)

參數：

● **range**

這是不可省略的必要參數，用來表明要評估相關準則與條件的儲存格範圍。

● **criteria**

這也是必要的參數，用來描述準則與條件。可以是數值、運算式、儲存格參照或文字形式的準則敘述，用來定義哪些符合準則的儲存格會被計算在內。

例如：

若要評估儲存格範圍 A2:A9 裡等於 75 的儲存格有幾個，可以輸入以下函數：

=COUNTIF(A2:A9,32)

若要評估儲存格範圍 B2:B9 裡大於等於 75 的儲存格有幾個，可以輸入以下函數：

=COUNTIF(B2:B9, ">75")

若要評估儲存格範圍 C2:C9 裡的空白儲存格有幾個，可以輸入以下函數：

=COUNTIF(C2:C9, "")

因此，此題目的運算在儲存格 D42 也可以寫成：

=COUNTIF(D5:D40, "")

以結構化參照的公式而言，即為：

=COUNTIF(表格 4[第二季], "")

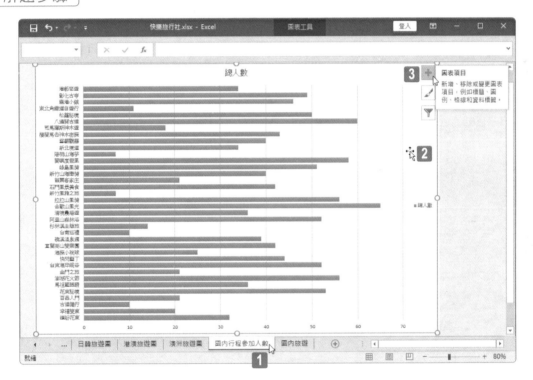

在〔國內行程參加人數〕圖表工作表中，刪除〔圖例〕，並將〔值〕作為〔資料標籤〕顯示在每一個資料橫條圖形的右側。

評量領域：管理圖表

評量目標：修改圖表

評量技能：新增和修改圖表項目

解題步驟

STEP**01** 點選〔國內行程參加人數〕工作表。

STEP**02** 點選此工作表裡的統計圖表。

STEP**03** 點按圖表右上方的「+」圖表項目按鈕。

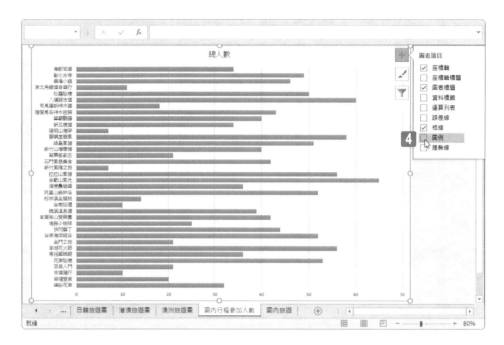

STEP**04** 從展開的圖表項目功能選單中取消〔圖例〕核取方塊的勾選。

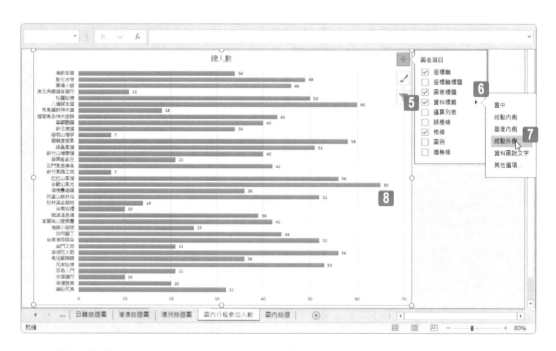

STEP**05** 滑鼠游標移至圖表項目功能選單中的〔資料標籤〕選項。

STEP**06** 點按此選項右側的三角形按鈕，以展開資料標籤的副選單。

STEP**07** 點選資料標籤的顯示位置為〔終點外側〕。

STEP**08** 水平橫條圖的橫條右側立即顯示各項資料值。

專案 **3**　　　健康自行車

您是自行車公司的業務人員，透過在南、北兩區的銷售狀況進行統計與分析，製作出有序的資訊報表以及視覺化統計圖表，讓主管可以瞭解未來的發展與營運方針。

在〔北區〕工作表中，將儲存格 F5 中的公式擴展到儲存格 F6:F20。

評量領域：管理資料儲存格和範圍

評量目標：操控活頁簿中的資料

評量技能：使用自動填入功能填入資料至儲存格

解題步驟

STEP**01**　開啟活頁簿檔案後，點選〔北區〕工作表。

STEP**02**　點選儲存格 F5。

STEP**03**　將滑鼠游標移至此作用儲存格右下角的小點 (填滿控點)，此時滑鼠指標形狀將呈現小十字狀，然後，快速點按兩下滑鼠左鍵。

F5			f_x	=[@訂價]*0.8		
	A	B	C	D	E	F
1	健康自行車有限公司					
2	北區分公司					
3						
4	產品代碼	商品類別	商品名稱	訂價	銷售量	會員折扣優惠價
5	KS1857	Supplies	運動型水壺	470	1257	376
6	KS3031	Supplies	安全帽	2100	2574	1680
7	KS4847	Supplies	護腕	240	985	192
8	KS6077	Supplies	運動型眼鏡	3280	2485	2624
9	KS1636	自行車配件	打氣筒	520	584	416
10	KS2904	自行車配件	馬鞍包	1400	782	1120
11	KS3159	自行車配件	攜車袋	1600	584	1280
12	KS3420	自行車配件	車頭燈	1200	1084	960
13	KS5186	自行車配件	自行車坐墊包	400	512	320
14	KS5607	自行車配件	後視鏡	480	882	384
15	KS1744	自行車款	雙人協力車	5200	128	4160
16	KS1870	自行車款	變速小折	8500	86	6800
17	KS2851	自行車款	公路車	15400	94	12320
18	KS1679	服飾配件	頭巾	600	458	480
19	KS4687	服飾配件	多功能短褲	1500	826	1200
20	KS6530	服飾配件	氣網型袖套	600	667	480
21						

北區　南區　⊕

平均值: 2174.5　項目個數: 16

STEP 04 儲存格 **F5** 裡的公式將往下填滿至其他儲存格，完成此欄位的公式擴展。

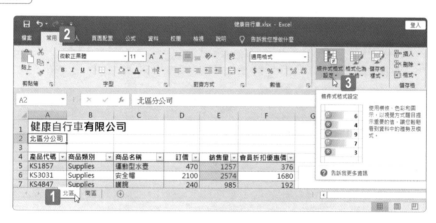

在〔北區〕工作表中，刪除所有〔格式化的條件〕規則。

評量領域：管理資料儲存格和範圍

評量目標：視覺化摘要資料

評量技能：移除設定格式化的條件

解題步驟

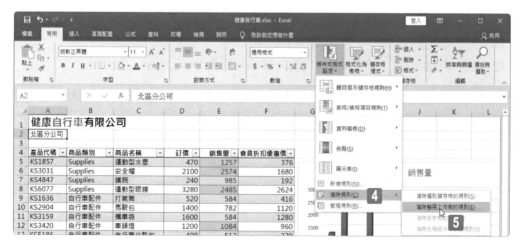

STEP**01** 點選〔北區〕工作表。

STEP**02** 點按〔常用〕索引標籤。

STEP**03** 點按〔格式〕群組裡的〔條件式格式設定〕命令按鈕。

STEP**04** 從展開的下拉式功能選單中點選〔清除規則〕功能選項。

STEP**05** 在從展開的副選單中點選〔清除整張工作表的規則〕功能選項。

在〔南區〕工作表中,對表格資料執行多層級排序。首先依據〔商品類別〕(A 到 Z) 排序,然後再根據〔商品名稱〕(A 到 Z) 排序。

評量領域:管理表格和表格資料

評量目標:篩選和排序表格資料

評量技能:藉由多欄排序資料

解題步驟

STEP**01** 點選〔南區〕工作表。

STEP**02** 將作用儲存格移至資料表裡的任一儲存格,例如:儲存格 A5。

STEP**03** 點按〔資料〕索引標籤。

STEP**04** 點按〔排序與篩選〕群組裡的〔排序〕命令按鈕。

STEP**05** 開啟〔排序〕對話方塊,點選主要層級的排序方式是依據〔產品類別〕欄位排序。

STEP**06** 依據儲存格的值,排序順序為 (A 到 Z)。

STEP**07** 點按〔新增層級〕按鈕。

STEP**08** 點選次要層級的排序方式是依據〔商品名稱〕欄位排序。

STEP**09** 依據儲存格的值，排序順序為 (A 到 Z)。

STEP**10** 點按〔確定〕按鈕。

STEP**11** 資料表裡的資料順序將先以〔商品類別〕的筆畫順序排列，相同的商品類別再以〔商品名稱〕的的筆畫順序排列。

在〔南區〕工作表的儲存格 E22 中,使用函數顯示〔銷售量〕欄位中的最大值。

評量領域:使用公式和函數執行作業

評量目標:計算和轉換資料

評量技能:使用 AVERAGE()、MAX()、 MIN() 和 SUM() 等函數執行計算

解題步驟

	A	B	C	D	E	F	G
3							
4	產品代碼	商品類別	商品名稱	訂價	銷售量		
5	KS3031	Supplies	安全帽	2100	1657		
6	KS1857	Supplies	運動型水壺	470	1658		
7	KS6077	Supplies	運動型眼鏡	3280	2214		
8	KS4847	Supplies	護腕	240	1025		
9	KS1636	自行車配件	打氣筒	520	698		
10	KS5186	自行車配件	自行車坐墊包	400	665		
11	KS3420	自行車配件	車頭燈	1200	723		
12	KS5607	自行車配件	後視鏡	480	928		
13	KS2904	自行車配件	馬鞍包	1400	854		
14	KS3159	自行車配件	攜車袋	1600	658		
15	KS2851	自行車款	公路車	15400	86		
16	KS1744	自行車款	雙人協力車	5200	262		
17	KS1870	自行車款	變速小折	8500	128		
18	KS4687	服飾配件	多功能短褲	1500	752		
19	KS6530	服飾配件	氣網型袖套	600	994		
20	KS1679	服飾配件	頭巾	600	547		
21							
22				銷售最佳數量:	=MAX(		
23				銷售最差數量:	MAX(number1, [number2], ...)		

STEP01　點選〔南區〕工作表。

STEP02　點選儲存格 E22 並輸入函數公式「=MAX(」。

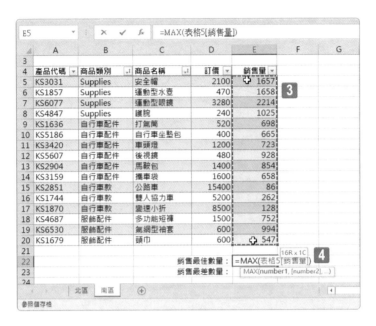

STEP **03** 選取儲存格範圍 E5:E20。

STEP **04** 由於這是資料表範圍，因此公式的參照為結構化參照方式，顯示著參照的資料表名稱於資料欄位名稱。

STEP **05** 完成 MAX 函數的建立後，按下 Enter 按鍵便會自動完成公式的運算，顯示此資料表格〔銷售量〕欄位裡的最大值。

在〔南區〕工作表中，建立一個〔群組直條圖〕，以顯示所有產品的〔銷售量〕，以〔產品名稱〕為水平軸標籤。將圖表放在表格下方。圖表的具體大小和位置不重要。

評量領域：管理圖表

評量目標：建立圖表

評量技能：建立圖表

解題步驟

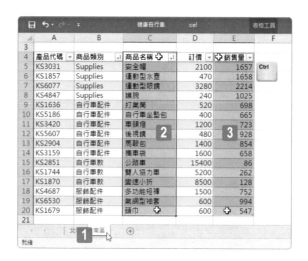

STEP**01** 點選〔南區〕工作表。

STEP**02** 選取儲存格範圍 C4:C20。

STEP**03** 按住 Ctrl 按鍵不放再選取儲存格範圍 E4:E20，以複選這兩個範圍。

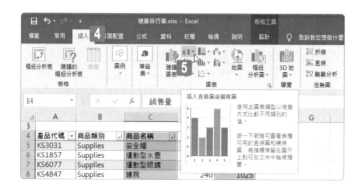

STEP**04** 點按〔插入〕索引標籤。

STEP**05** 點按〔圖表〕群組裡的〔插入直條圖或橫條圖〕命令按鈕。

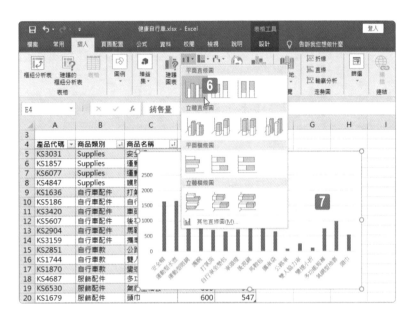

STEP**06** 從展開的圖表選單中點選平面直條圖裡的群組直條圖。

STEP**07** 工作表上立即預覽並建立此統計圖表。

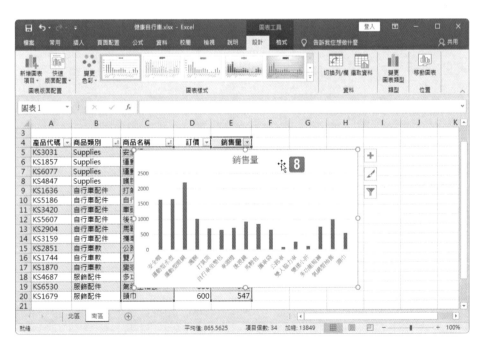

STEP**08** 點選剛繪製完成的統計圖表，將整個圖表往下拖曳以搬移此圖表。

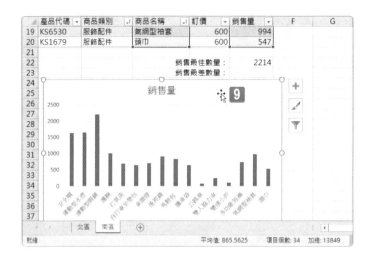

STEP 09 搬移此統計圖表至工作表裡現有的資料表下方。例如：此例的第 24 列處，不須變更統計圖表的大小。

在〔北區〕工作表中，修改〔銷售量〕圖表，使其顯示〔運算列表〕，但不顯示〔圖例符號〕。

評量領域：管理圖表
評量目標：修改圖表
評量技能：新增和修改圖表項目

解題步驟

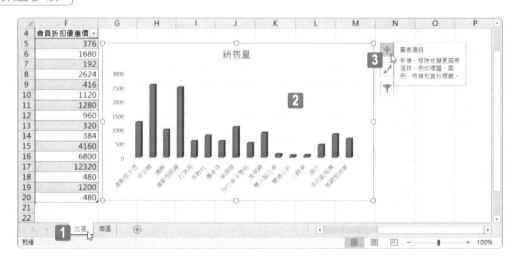

STEP**01**　點選〔北區〕工作表。

STEP**02**　點選此工作表裡的統計圖表。

STEP**03**　點按圖表右上方的「+」圖表項目按鈕。

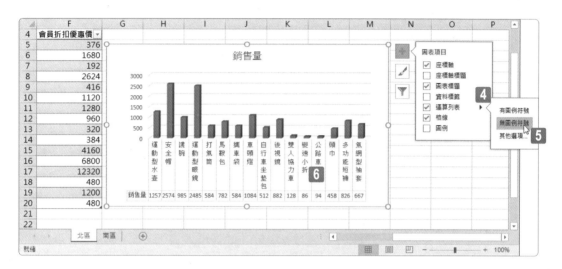

STEP**04**　從展開的圖表項目功能選單中點按〔運算列表〕選項右側的三角形按鈕。

STEP**05**　從展開的運算列表副選單中點選〔無圖例符號〕選項。

STEP**06**　立即在圖表的 X 類別座標軸下方添增了沒有圖例的運算列表 (資料表格)。

專案 **4**　運動商品

您是運動產品的鞋類商品主管,透過資料表的製作與銷售量的分析、VIP 客戶名單的掌控以及年度銷售圖表的呈現,可以提升您對產品銷售的敏感度,並有利於未來產品發展的模型建構與規劃。

選取名為〔平均年成長〕的範圍,然後刪除該選取儲存格中的內容。

評量領域:管理工作表和活頁簿

評量目標:在活頁簿中瀏覽

評量技能:瀏覽已命名的儲存格、範圍或活頁簿元件

〔解題步驟〕

STEP**01**　開啟活頁簿檔案後,點按工作表左上角名稱方塊右側的倒三角形按鈕。

STEP**02**　從展開的已命名範圍名稱清單中,點選〔平均年成長〕。

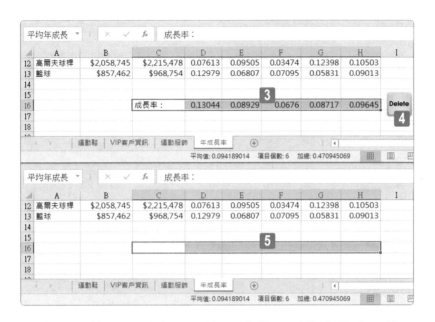

STEP**03** 立刻自動選取範圍名稱為〔平均年成長〕所代表的參照位置。

STEP**04** 點按 Delete 按鍵。

STEP**05** 立即清除選取範圍的內容。

在〔年成長率〕工作表的儲存格 D6:H13 中,設定儲存格格式以顯示 2 位小數位數。

評量領域:管理資料儲存格和範圍

評量目標:格式化儲存格和範圍

評量技能:套用數字格式

解題步驟

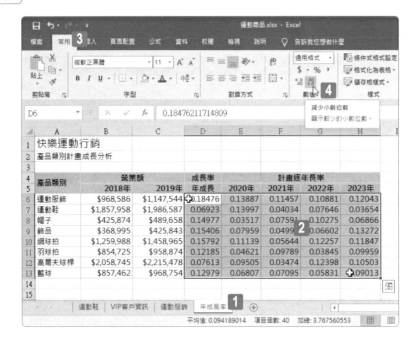

STEP**01**　點選〔年成長率〕工作表。

STEP**02**　選取儲存格範圍 D6:H13。

STEP**03**　點按〔常用〕索引標籤。

STEP**04**　點按〔數值〕群組裡的〔減少小數位數〕命令按鈕。

STEP**05**　多按幾次〔減少小數位數〕命令按鈕，直至儲存格範圍 D6:H13 裡的數值資料顯示 2 位小數值。

在〔運動鞋〕工作表中，將含有〔運動涼鞋〕的表格列刪除。避免表格以外的任何內容發生變化。

評量領域：管理表格和表格資料
評量目標：修改表格
評量技能：新增或移除表格列和欄

解題步驟

STEP**01** 點選〔運動鞋〕工作表。

STEP**02** 以滑鼠右鍵點選取儲存格 A10(運動涼鞋)。

STEP**03** 從展開的快顯功能表，點選〔刪除〕功能選項。

STEP**04** 再從展開的副功能選單點選〔表格列〕功能選項。

STEP **05**　含有〔運動涼鞋〕的表格列已順利刪除。

在〔運動服飾〕工作表的〔季平均〕欄位中，使用函數計算每種商品從第
一季到第四季的平均銷售量。

評量領域：使用公式和函數執行作業

評量目標：計算和轉換資料

評量技能：使用 AVERAGE()、MAX()、 MIN() 和 SUM() 等函數執行計算

〔解題步驟〕

STEP**01** 點選〔運動服飾〕工作表。

STEP**02** 點選儲存格 C6 並輸入函數公式「=AVERAGE(」。

STEP**03** 選取儲存格範圍 D6:G6。

STEP**04** AVERAGE1 函數裡的參數隨即參照剛剛選取範圍的結構化名稱,即表格名稱為「服飾銷售資料」裡的 [第一季] 到 [第四季] 等四個欄位。

STEP**05** 完成 AVERAGE 函數的公式後,立即顯示〔季平均〕欄位的運算結果,顯示每一個商品在第一季到第四季的銷售平均值。

在〔VIP 客戶資訊〕工作表中,使用函數在〔電子郵件位址〕欄位中,將〔名字〕和〔@abc.com.tw〕合併為每個人的電子郵件位址。

評量領域:使用公式和函數執行作業

評量目標:格式化和修改文字

評量技能:使用 CONCAT() 和 TEXTJOIN() 等函數格式化文字

解題步驟

STEP01 點選〔VIP 客戶資訊〕工作表。

STEP02 點選儲存格 E5 並輸入等於符號「=」開始進行公式的建立。

STEP03 點選儲存格 C5。

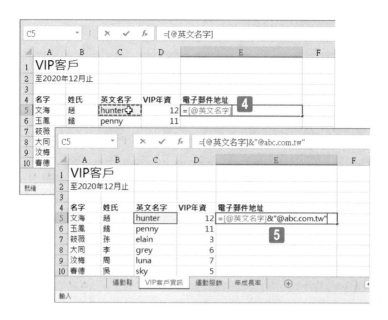

STEP**04** 在公式中以結構化名稱的方式參照該儲存格。

STEP**05** 緊接著按下字串連結符號「**&**」再輸入字串「**"@abc.com.tw"**」，將
儲存格 C5 的內容與電子郵件地址的網域文字串接在一起。然後按下
Enter 按鍵。

STEP**06** 最後，〔英文名字〕和〔@abc.com.tw〕會串接成電子郵件地址，也
完成了整個欄位的公式運算。

在 Excel 的公式編輯中,「&」符號是字串連接的運算子 (Operator),常被應用於儲存格內容要進行串接或與指定的字串進行串接時的便利算式。至於 Excel 的眾多函數中,也有專職於字串銜接的函數。例如:CONCATENATE 函數,可以將兩個或多個資料內容 (文字或數值) 合併成一個字串。

語法:

CONCATENATE(text1, [text2], ...)

參數:

● **text1**

這是必要的參數,即第一個要合併的項目,而此項目可以是文字、數值或儲存格參照。

● **text2, ...**

這是選用的參數,用來表明其他想要合併的項目內容,最多可有 255 個項目,總計銜接的字串長度最多可達 8,192 個字元。

因此,此題目的解題也可以使用 CONCATENATE 函數,撰寫成:

=CONCATENATE([@ 英文名字], "@abc.com.tw")

在〔運動鞋〕工作表中,選擇〔運動鞋年銷售〕圖表,然後,調換座標軸
上的資料。

評量領域:管理圖表

評量目標:修改圖表

評量技能:在來源資料的列和欄之間進行切換

解題步驟

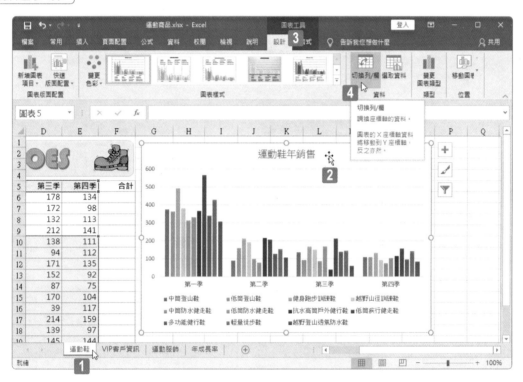

STEP**01**　點選〔運動鞋〕工作表。

STEP**02**　點選工作表裡的統計圖表。

STEP**03**　視窗上方功能區裡立即顯示〔圖表工具〕,點按其下方的〔設計〕索
引標籤。

STEP**04**　點按〔資料〕群組裡的〔切換列 / 欄位〕命令按鈕。

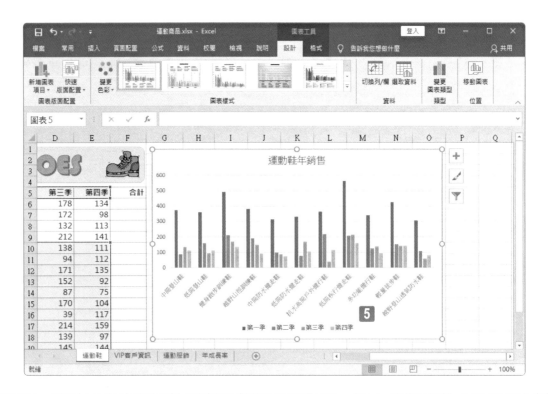

STEP **05** 統計圖表的類別軸與資料數列立即對調,原本的類別軸(各季別)變成資料數列,而原本的資料數列(各種運動鞋名稱)變成類別軸。

專案 5 — 銷售資料

這是一個自行車與零組件的製造商案例，準備在各分公司的銷售報表中進行資料的篩選、折扣的統計，讓報表的呈現更活靈活現。

設定〔忠孝分公司〕工作表，使其只列印儲存格 A5:H36。

評量領域：管理工作表和活頁簿
評量目標：設定內容以進行協同作業
評量技能：設定列印範圍

解題步驟

STEP01　開啟活頁簿檔案後，點選〔忠孝分公司〕工作表。

STEP02　點按工作表左上角的名稱方塊。

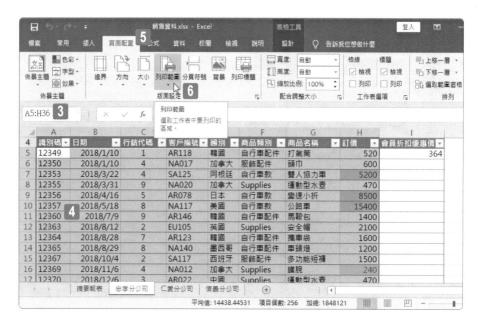

STEP 03 在此輸入「A5:H36」然後按下 Enter 按鍵。

STEP 04 自動選取儲存格範圍 A5:H36。

STEP 05 點按〔頁面配置〕索引標籤。

STEP 06 點按〔版面設定〕群組裡的〔列印範圍〕命令按鈕。

STEP 07 從展開的功能選單中點選〔設定列印範圍〕功能選項。

在〔信義分公司〕工作表中,篩選表格資料,使其只顯示〔區域代碼〕為
〔EU〕的銷售資料。

評量領域:管理表格和表格資料
評量目標:篩選和排序表格資料
評量技能:篩選記錄

解題步驟

STEP**01** 點選〔信義分公司〕工作表。

STEP**02** 點選此工作表裡位於儲存格 **F4** 的〔區域代碼〕欄位旁倒三角形按鈕。

STEP**03**

從展開的排序 / 篩選功能選單
中,取消〔全選〕核取方塊的
勾選。

STEP**04**

僅勾選〔EU〕核取方塊。

STEP**05**

按下〔確定〕按鈕。

STEP 06 順利篩選來自〔EU〕區域代碼的資料。

STEP 07 此例的篩選結果總共有 17 筆資料記錄。

| 1 | 2 | 3 | 4 | 5 |

在〔仁愛分公司〕工作表中,在〔是否打折〕欄位中使用函數,使其在〔行銷代碼〕小於 4 顯示「打八折」,否則顯示「原價」。

評量領域:使用公式和函數執行作業

評量目標:計算和轉換資料

評量技能:使用 IF() 函數執行條件式作業

〔解題步驟〕

STEP 01 點選〔仁愛分公司〕工作表。

STEP 02 點選儲存格 J5 並輸入函數公式「= if(」。

STEP03 點選儲存格 **C5**，以此儲存格位址為 if 函數裡的第一個參數。

STEP04 由於公式是建立在資料表裡，因此點選參照的儲存格位址，會自動以結構化參照的方式呈現。

STEP05 繼續編輯 if 函數，整個 if 函數的算式為「=if([@ 行銷代碼]<4," 打八折 "," 原價 ")」。

STEP06 完成函數的建立後按下 **Enter** 按鍵，整個資料表的〔是否有折扣〕欄位便全部完成判別。

在〔仁愛分公司〕工作表中，在〔區域代碼〕欄位中使用函數，使其顯示〔客戶編號〕(D 欄位) 的前 2 個字元。

評量領域：使用公式和函數執行作業

評量目標：格式化和修改文字

評量技能：使用 RIGHT()、LEFT() 和 MID() 等函數格式化文字

[解題步驟]

STEP01　點選〔仁愛分公司〕工作表。

STEP02　點選儲存格 F5，輸入函數「=LEFT(」。

STEP03　點選儲存格 D5，以此儲存格位址為 LEFT 函數裡的第一個參數。

STEP04　由於公式是建立在資料表裡，因此點選參照的儲存格位址，會自動以結構化參照的方式呈現。

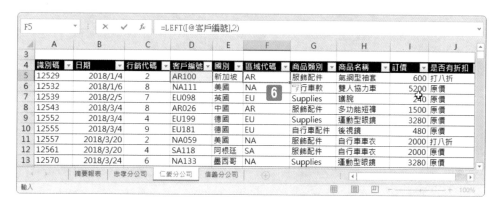

05 繼續編輯 LEFT 函數，輸入第二個參數為「2」，整個 LEFT 函數的算式為「=LEFT([@ 客戶編號],2)」。

STEP06 完成函數的建立後按下 Enter 按鍵，整個資料表的〔區域代碼〕欄位便是來自〔客戶編號〕欄位的前 2 碼文字。

1	2	3	4	5

在〔摘要報表〕工作表中,對圖表添加〔替代文字〕「年銷售資料」。

評量領域:管理圖表

評量目標:格式化圖表

評量技能:為圖表新增替代文字作為協助工具

解題步驟

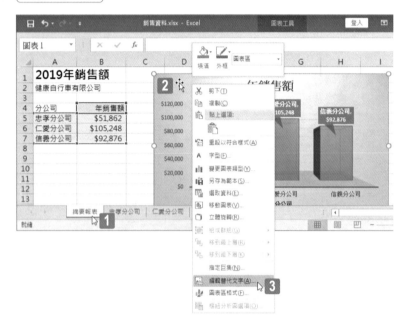

STEP**01** 點選〔摘要報表〕工作表。

STEP**02** 以滑鼠右鍵點選工作表裡的統計圖表。

STEP**03** 從展開的圖表快顯功能表中點選〔編輯替代文字〕功能選項。

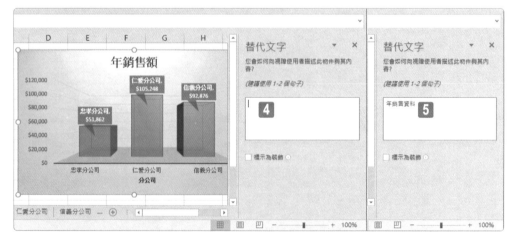

STEP**04** 視窗右側立即開啟〔替代文字〕工作窗格,點選空白文字方塊。

STEP**05** 輸入圖表的替代文字為「年銷售資料」。

專案 **6**　麵包銷售

身為麵包店的經營者，您想要瞭解各月份的銷售業績，也期望報表與圖表的檢視與閱讀上更方便、更具視覺化效果，也能夠針對公式的運算，瞭解明天的目標與期待。

| 1 | 2 | 3 | 4 | 5 | 6 |

在〔各月份業績〕工作表中，凍結前三列，使表格標題和欄位標題在工作表滾動時始終可見。

評量領域：管理工作表和活頁簿
評量目標：自訂選項和檢視
評量技能：凍結工作表的列與欄

解題步驟

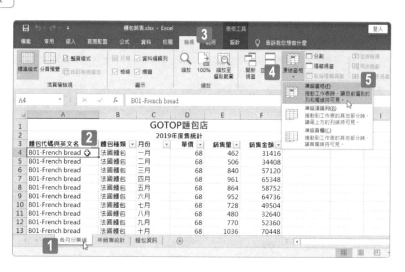

STEP**01**　開啟活頁簿檔案後，點選〔各月份業績〕工作表。

STEP**02**　點選儲存格 A4。

STEP**03**　點按〔檢視〕索引標籤。

STEP**04**　點按〔視窗〕群組裡的〔凍結窗格〕命令按鈕。

STEP**05**　從展開的功能選單中點選〔凍結窗格〕功能選項。

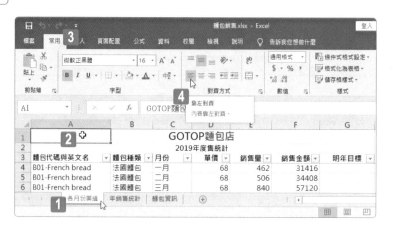

STEP **06** 儲存格 A4 以上的工作表畫面，即前第 1 ～ 3 列立即凍結顯示。

STEP **07** 當往下捲視窗右側的垂直捲軸時，工作表的前 3 列始終顯示在畫面上。

在〔各月份業績〕工作表中，將儲存格 A1 裡的文字向左對齊。

評量領域：管理資料儲存格和範圍

評量目標：格式化儲存格和範圍

評量技能：修改儲存格對齊方式、方向和縮排

〔解題步驟〕

STEP **01** 點選〔各月份業績〕工作表。

STEP **02** 點選儲存格 A1。

STEP **03** 點按〔常用〕索引標籤。

STEP **04** 點按〔對齊方式〕群組裡的〔靠左對齊〕命令按鈕。

STEP**05** 儲存格 **A1** 的內容立即在此儲存格裡靠左對齊。

在〔各月份業績〕工作表中〔銷售量〕欄位中,使用〔設定格式化的條件〕對該欄位套用四交通號誌格式。

評量領域:管理資料儲存格和範圍

評量目標:視覺化摘要資料

評量技能:套用內建的設定格式化的條件

解題步驟

	A	B	C	D	E	F	G
1	GOTOP麵包店						
2				2019年度售統計			
3	麵包代碼與英文名	麵包種類	月份	單價	銷售量	銷售金額	明年目標
4	B01-French bread	法國麵包	一月	68	462	31416	
5	B01-French bread	法國麵包	二月	68	506	34408	
6	B01-French bread	法國麵包	三月	68	840	57120	
7	B01-French bread	法國麵包	四月	68	961	65348	
8	B01-French bread	法國麵包	五月	68	864	58752	
9	B01-French bread	法國麵包	六月	68	952	64736	
10	B01-French bread	法國麵包	七月	68	728	49504	
11	B01-French bread	法國麵包	八月	68	480	32640	
12	B01-French bread	法國麵包	九月	68	770	52360	
13	B01-French bread	法國麵包	十月	68	1036	70448	
14	B01-French bread	法國麵包	十一月	68	621	42228	
15	B01-French bread	法國麵包	十二月	68	720	48960	
16	B02-Sandwich	三明治	一月	35	2730	95550	
17	B02-Sandwich	三明治	二月	35	3128	109480	

〔各月份業績〕 〔年銷售統計〕 〔麵包資訊〕

STEP**01** 點選〔各月份業績〕工作表。

STEP**02** 點選〔銷售量〕資料欄位的首格內容位置,意即儲存格 **E4**,從此開始往下拖曳,或是按住 **Shift** 按鍵不放。

STEP 03　點選儲存格 E195，或是從儲存格 E4 開始往下拖曳選取縱向連續範圍直至儲存格 E195。選取整個〔銷售量〕資料欄位的內容所在範圍。

STEP 04　點按〔常用〕索引標籤。

STEP 05　點按〔樣式〕群組裡的〔條件式格式設定〕命令按鈕。

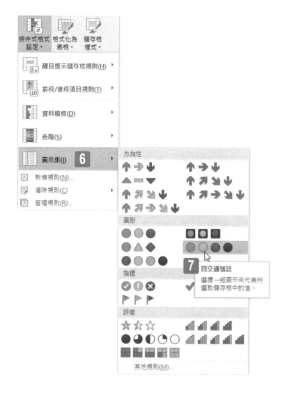

STEP**06**

從展開的功能選單中點選〔圖示集〕功能選項。

STEP**07**

再從〔圖示集〕的副功能選單中點選〔四交通號誌〕格式選項。

STEP**08** 事先選取的〔銷售量〕資料欄位立即套用〔四交通號誌〕圖示集格式。

在〔各月份業績〕工作表中，對表格套用〔藍色, 表格樣式中等深淺 13〕
表格樣式。

評量領域：管理表格和表格資料
評量目標：建立和格式化表格
評量技能：套用表格樣式

解題步驟

^{STEP}**01** 點選〔各月份業績〕工作表。

^{STEP}**02** 選取資料表格裡的任一儲存格，例如：儲存格 **A4**。

^{STEP}**03** 視窗上方功能區裡立即顯示〔表格工具〕，點按其下方的〔設計〕索
引標籤。

^{STEP}**04** 點按〔表格樣式〕群組裡的〔其他〕命令按鈕。

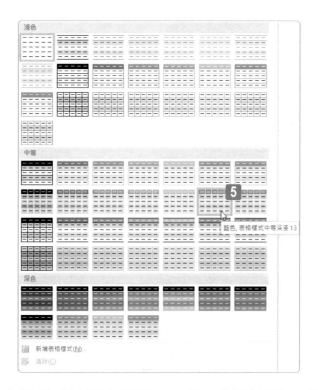

STEP**05** 從展開的表格樣式清單中點選〔中等〕類別裡的〔藍色，表格樣式中等深淺 13〕表格樣式。

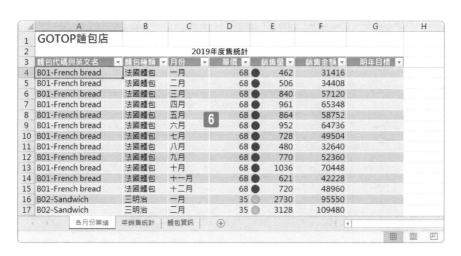

STEP**06** 整個資料表格立即套用所選取的表格樣式。

| 1 | 2 | 3 | 4 | 5 | 6 |

在〔各月份業績〕工作表中，在〔明年目標〕欄位中輸入公式，計算〔銷售金額〕欄位中的數值與名為〔目標成長率〕的範圍的乘積。在公式中引用〔範圍〕名稱，而不是參照儲存格或數值。

評量領域：使用公式和函數執行作業

評量目標：插入參照

評量技能：在公式中參照已命名的範圍和已命名的表格

解題步驟

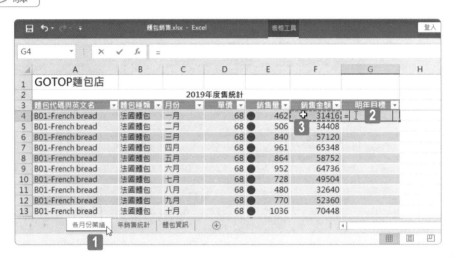

STEP**01** 點選〔各月份業績〕工作表。

STEP**02** 點選儲存格 **G4** 並輸入等於符號「**=**」開始建立公式。

STEP**03** 點選儲存格 **F4**。

STEP**04** 在公式中以結構化名稱的方式參照該儲存格。

STEP**05** 緊接著按下乘法符號「 * 」再按下功能鍵 F3 按鍵。

STEP**06** 開啟〔貼上名稱〕對話方塊，點選〔目標成長率〕範圍名稱。

STEP**07** 按下〔確定〕按鈕。

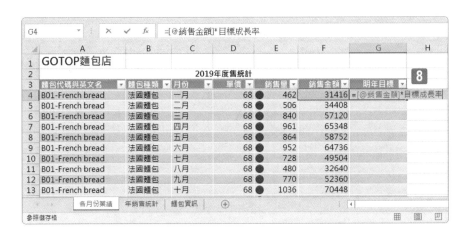

STEP**08** 乘法公式立即參照〔目標成長率〕範圍名稱，然後按下 Enter 按鍵。

STEP **09** 完成公式的建立並自動填滿公式。

在〔年銷售統計〕工作表中，對圖表套用〔色彩豐富的調色盤4〕圖表色彩。

評量領域：管理圖表

評量目標：格式化圖表

評量技能：套用圖表樣式

解題步驟

STEP**01** 點選〔年銷售統計〕工作表。

STEP**02** 點選此工作表裡的統計圖表。

STEP**03** 視窗上方功能區裡立即顯示〔圖表工具〕，點按其下方的〔設計〕索引標籤。

STEP**04** 點按〔圖表樣式〕群組裡的〔變更色彩〕命令按鈕。

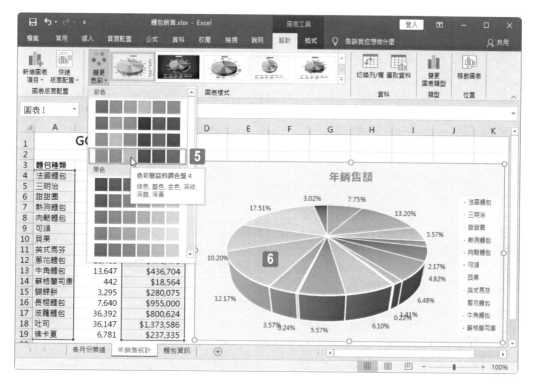

STEP**05** 從展開的色彩選單中點選〔色彩豐富的調色盤 4〕選項。

STEP**06** 工作表裡的統計圖表立即套用新的色彩。

模擬試題 III

此小節設計了一組包含 **Excel** 各項必備基礎技能的評量
實作題目，可以協助讀者順利挑戰各種與 **Excel** 相關的
基本認證考試，共計有 **6** 個專案，每個專案包含 **5 ～ 6** 項
任務。

專案 **1** GOTOP 咖啡

這是一個知名咖啡連鎖店的案例，資訊主管想要讓製作的報表與圖表在檢視與閱讀上更加便利、也更具視覺化效果，讓投資者可以聚焦在各季銷售業績的狀況。然後，再運用公式的核算於報表上呈現銷售金額與營業稅額。不管是資料表格或是統計圖表都能做到盡善盡美。

在〔各季業績〕工作表中，凍結前四列，使表格標題和欄位標題在工作表滾動時始終可見。

評量領域：管理工作表和活頁簿

評量目標：自訂選項和檢視

評量技能：凍結工作表的列與欄

解題步驟

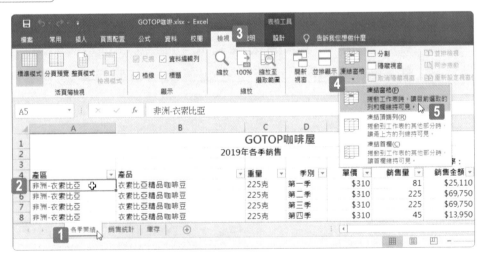

STEP**01** 開啟活頁簿檔案後，點選〔各季業績〕工作表。

STEP**02** 點選儲存格 A5。

STEP**03** 點按〔檢視〕索引標籤。

STEP**04** 點按〔視窗〕群組裡的〔凍結窗格〕命令按鈕。

STEP**05** 從展開的功能選單中點選〔凍結窗格〕功能選項。

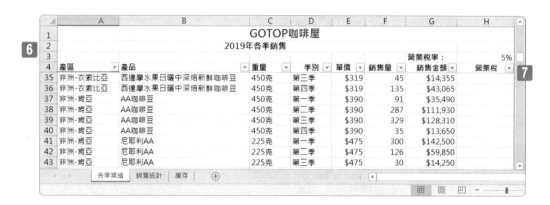

STEP**06** 儲存格 A5 以上的工作表畫面,即前第 1 ~ 4 列立即凍結顯示。

STEP**07** 當往下捲視窗右側的垂直捲軸時,工作表的前 4 列始終顯示在畫面上。

1	2	3	4	5	6

在〔各季業績〕工作表中，將儲存格 A1 裡的文字向左對齊。

評量領域：管理資料儲存格和範圍

評量目標：格式化儲存格和範圍

評量技能：修改儲存格對齊方式、方向和縮排

解題步驟

STEP**01** 點選〔各季業績〕工作表。

STEP**02** 點選儲存格 A1。

STEP**03** 點按〔常用〕索引標籤。

STEP**04** 點按〔對齊方式〕群組裡的〔靠左對齊〕命令按鈕。

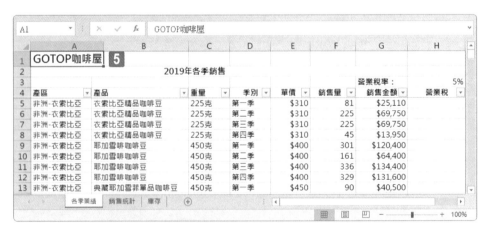

STEP**05** 儲存格 A1 的內容立即在此儲存格裡靠左對齊。

| 1 | 2 | 3 | 4 | 5 | 6 |

在〔各季業績〕工作表中〔銷售金額〕欄位中,使用〔設定格式化的條件〕對該欄位套用三符號(圓框)格式。

評量領域:管理資料儲存格和範圍

評量目標:視覺化摘要資料

評量技能:套用內建的設定格式化的條件

解題步驟

STEP**01** 點選〔各季業績〕工作表。

STEP**02** 點選〔銷售金額〕資料欄位的首格內容位置,意即儲存格 G5,從此開始往下拖曳,或是按住 Shift 按鍵不放。

STEP**03** 點選儲存格 G195，或是從儲存格 G5 開始往下拖曳選取縱向連續範圍
直至儲存格 G156。選取整個〔銷售金額〕資料欄位的內容所在範圍。

STEP**04** 點按〔常用〕索引標籤。

STEP**05** 點按〔樣式〕群組裡的〔條件式格式設定〕命令按鈕。

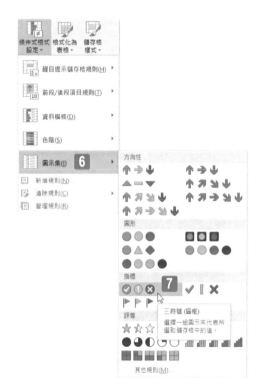

STEP**06**

從展開的功能選單中點選〔圖示集〕功能
選項。

STEP**07**

再從〔圖示集〕的副功能選單中點選〔三
符號 (圓框)〕格式選項。

STEP**08** 事先選取的〔銷售金額〕資料欄位立即套用〔三符號 (圓框)〕圖示集格式。

| 1 | 2 | 3 | 4 | 5 | 6 |

在〔各季業績〕工作表中,對表格套用〔金色,表格樣式中等深淺 12〕表格樣式。

評量領域:管理表格和表格資料

評量目標:建立和格式化表格

評量技能:套用表格樣式

解題步驟

STEP 01　點選〔各季業績〕工作表。

STEP 02　選取資料表格裡的任一儲存格,例如:儲存格 A5。

STEP 03　視窗上方功能區裡立即顯示〔表格工具〕,點按其下方的〔設計〕索引標籤。

STEP 04　點按〔表格樣式〕群組裡的〔其他〕命令按鈕。

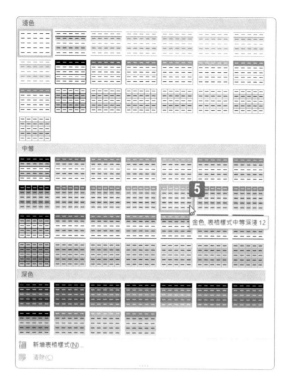

STEP**05** 從展開的表格樣式清單中點選〔中等〕類別裡的〔金色，表格樣式中等深淺 12〕表格樣式。

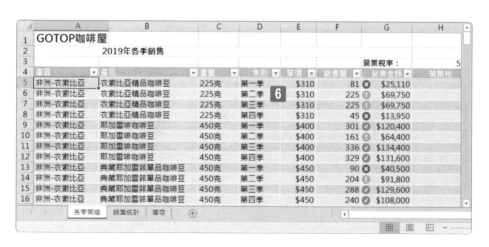

STEP**06** 整個資料表格立即套用所選取的表格樣式。

① —— ② —— ③ —— ④ —— ⑤ —— ⑥

在〔各季業績〕工作表中，在〔營業稅〕欄位中輸入公式，計算〔銷售金額〕欄位中的數值與名為〔營業稅率〕的範圍的乘積。在公式中引用〔範圍〕名稱，而不是參照儲存格或數值。

評量領域：使用公式和函數執行作業

評量目標：插入參照

評量技能：在公式中參照已命名的範圍和已命名的表格

解題步驟

STEP01　點選〔各季業績〕工作表。

STEP02　點選儲存格 H5 並輸入等於符號「=」開始進行公式的建立。

STEP03　點選儲存格 G5。

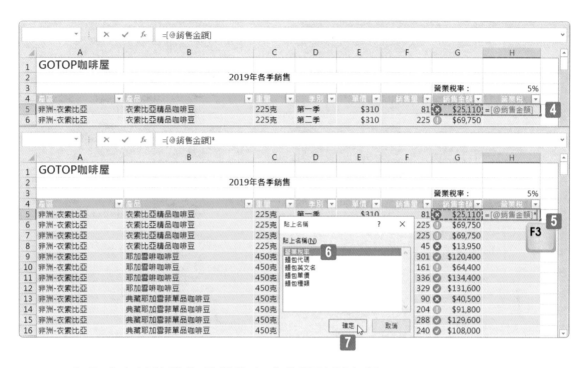

STEP04 在公式中以結構化名稱的方式參照該儲存格。

STEP05 緊接著按下乘法符號「*」再按下功能鍵 F3 按鍵。

STEP06 開啟〔貼上名稱〕對話方塊,點選〔營業稅率〕範圍名稱。

STEP07 按下〔確定〕按鈕。

STEP08 乘法公式立即參照〔營業稅率〕範圍名稱,然後按下 Enter 按鍵。

STEP**09** 完成公式的建立並自動填滿公式。

在〔銷售統計〕工作表中,針對圖表套用〔色彩豐富的調色盤3〕圖表色彩。

評量領域:管理圖表

評量目標:格式化圖表

評量技能:套用圖表樣式

解題步驟

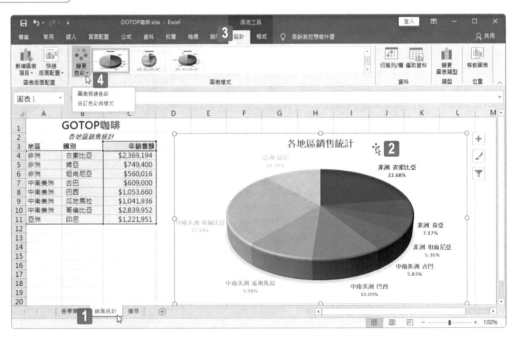

STEP **01** 點選〔銷售統計〕工作表。

STEP **02** 點選此工作表裡的統計圖表。

STEP **03** 視窗上方功能區裡立即顯示〔圖表工具〕，點按其下方的〔設計〕索引標籤。

STEP **04** 點按〔圖表樣式〕群組裡的〔變更色彩〕命令按鈕。

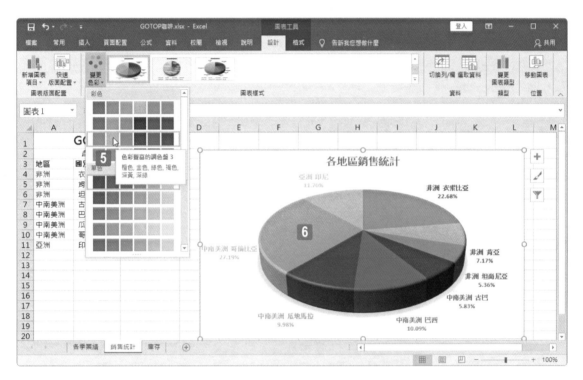

STEP **05** 從展開的色彩選單中點選〔色彩豐富的調色盤 3〕選項。

STEP **06** 工作表裡的統計圖表立即套用新的色彩。

專案 **2** 　日本旅遊

你正在整理並更新關於日本地鐵的相關資訊，讓報表去蕪存菁並規劃好制式規格的報表格式。

調整上下邊界各為 2.1 公分、左右邊界各為 1.5 公分 、頁首與頁尾邊界各為 1.1 公分。

評量領域：管理工作表和活頁簿

評量目標：格式化工作表和活頁簿

評量技能：修改頁面設定

解題步驟

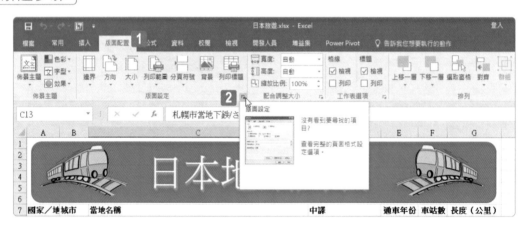

STEP**01**　開啟活頁簿檔案後，點按〔版面配置〕索引標籤。

STEP**02**　點按〔版面設定〕群組旁的對話方塊啟動器按鈕。

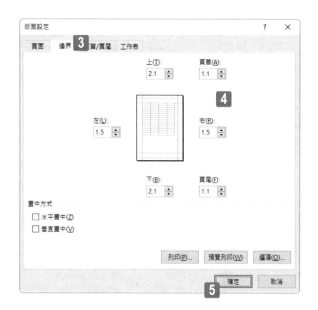

STEP**03** 開啟〔版面設定〕對話方塊，點按〔邊界〕索引頁籤。

STEP**04** 設定上、下邊界為 2.1 公分；左、右邊界為 1.5 公分；頁首與頁尾皆為 1.1 公分。完成設定後。

STEP**05** 點按〔確定〕按鈕。

隱藏第 16 列與第 17 列。

評量領域：管理工作表和活頁簿

評量目標：格式化工作表和活頁簿

評量技能：調整列高和欄寬

解題步驟

STEP01　複選第 16 列及第 17 列。

STEP02　然後以滑鼠右鍵點按選取的列。

STEP03　從展開的快顯功能表中點選〔隱藏〕。

STEP04　完成第 16 列與第 17 列的隱藏。

① ─── ② ─── ③ ─── ④ ─── ⑤

設定工作表的顯示，在使用者往下捲動工作表的垂直捲軸時，仍然可以看到第 7 列以及 WordArt 文字和火車圖片等報表的表頭訊息。

評量領域：管理工作表和活頁簿

評量目標：自訂選項和檢視

評量技能：凍結工作表的列與欄

解題步驟

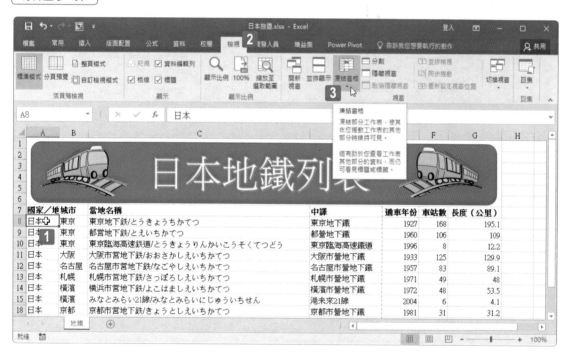

STEP**01** 點按〔地鐵〕工作表裡的儲存格 A8。

STEP**02** 點按〔檢視〕索引標籤。

STEP**03** 點按〔視窗〕群組內的〔凍結窗格〕命令按鈕。

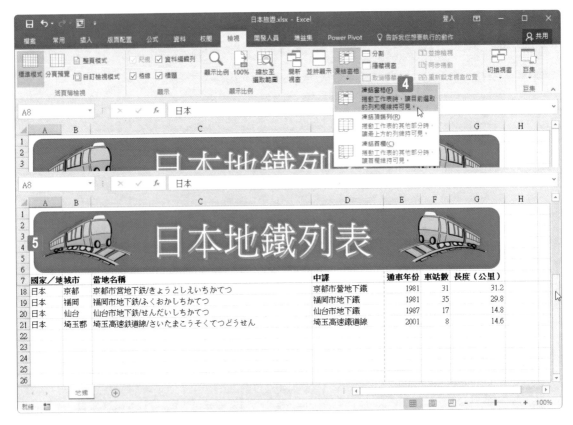

STEP **04**　從展開的下拉式功能選單中點選〔凍結窗格〕功能選項。

STEP **05**　往下捲動工作表的垂直捲軸後，工作表的前七列內容都固定顯示在視窗上方。

① — ② — ③ — ④ — ⑤

檢查試算表的協助工具選項問題。輸入標題文字 " 日本地鐵列表 " 以更正遺失替代文字的錯誤。其他的警告問題則不需要修訂。

評量領域：管理圖表

評量目標：格式化圖表

評量技能：為圖表新增替代文字作為協助工具

解題步驟

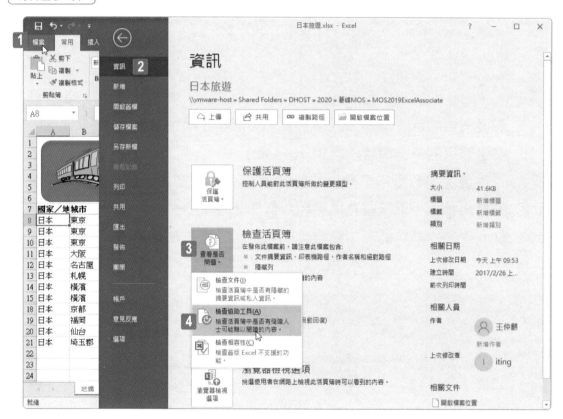

STEP **01** 點按〔檔案〕索引標籤。

STEP **02** 進入後台管理頁面，點按〔資訊〕。

STEP **03** 點按〔查看是否問題〕按鈕。

STEP **04** 展開下拉式功能選單，點按〔檢查協助工具〕選項。

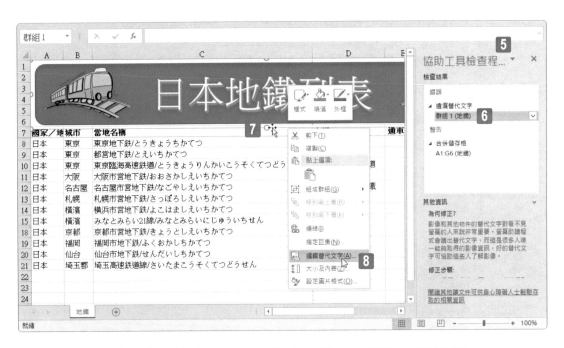

STEP**05**　畫面右側開啟〔協助工具檢查程式〕窗格，顯示檢查結果。

STEP**06**　點選尋獲的錯誤項目：群組 1(地鐵)。

STEP**07**　工作表上自動選取了發生錯誤的對象：包含圖片、圖案與文字藝術師的群組物件。以滑鼠右鍵點按此群組物件。

STEP**08**　從展開的快顯功能表中點選〔編輯替代文字〕功能選項。

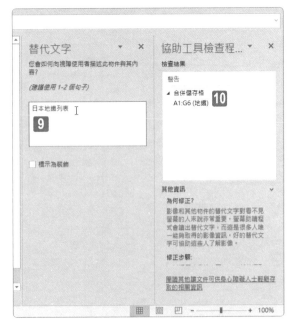

STEP**09**

畫面右側開啟〔替代文字〕窗格，點按空白文字方塊並在此鍵入「日本地鐵列表」。

STEP**10**

原本檢查出的錯誤已經更正。

設定自訂的頁首，讓報表的左上角可以顯示檔案名稱、右上角可以顯示系統的日期與時間。

評量領域：管理工作表和活頁簿
評量目標：格式化工作表和活頁簿
評量技能：自訂頁首和頁尾

解題步驟

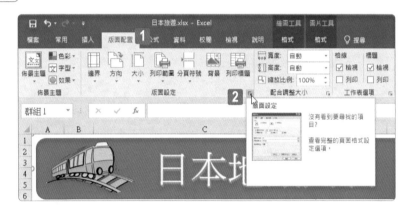

STEP01 點按〔版面配置〕索引標籤。

STEP02 點按〔版面設定〕群組旁的對話方塊啟動器按鈕。

STEP03

開啟〔版面設定〕對話方塊，點按〔頁首/頁尾〕索引頁籤。

STEP04

點按〔自訂頁首〕按鈕。

STEP**05** 開啟〔頁首〕對話方塊，點按〔左〕空白區域。

STEP**06** 點按〔插入檔案名稱〕按鈕。

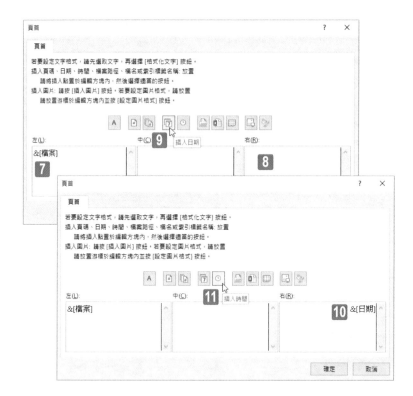

STEP**07** 在〔左〕區域裡立即顯示「&[檔案]」，即為活頁簿檔案名稱的代碼。

STEP**08** 點按〔右〕空白區域。

STEP**09** 點按〔插入日期〕按鈕。

STEP**10** 在〔右〕區域裡立即顯示「&[日期]」，即為電腦系統日期的代碼。

STEP**11** 點按〔插入時間〕按鈕。

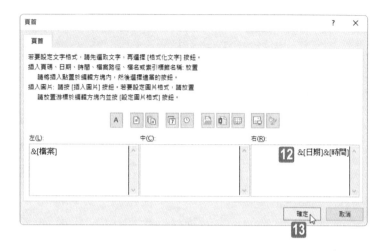

STEP**12** 在〔右〕區域裡立即顯示「**&[時間]**」，即為電腦系統時間的代碼。

STEP**13** 點按〔確定〕按鈕。

STEP**14** 回到〔版面設定〕對話方塊，在〔頁首／頁尾〕索引頁籤裡即可看到已經定義好的自訂頁首。

STEP**15** 點按〔確定〕按鈕。

專案 **3** 客戶資料

您是球鞋品牌的產品銷售分析員，正在分析會員銷售資料，想利用這些資料辨別特定特定球鞋的總成本與數量，並透過工具建立不同商品規格、類型的分類摘要報表，並製作具備分頁格式的報表。

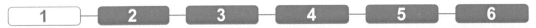

在〔球鞋訂單〕工作表的「球鞋顏色」欄位，將所有的 " 亮藍色 " 顏色，替換成 " 淺藍色 "。

評量領域：管理工作表和活頁簿
評量目標：在活頁簿中瀏覽
評量技能：搜尋活頁簿中的資料

解題步驟

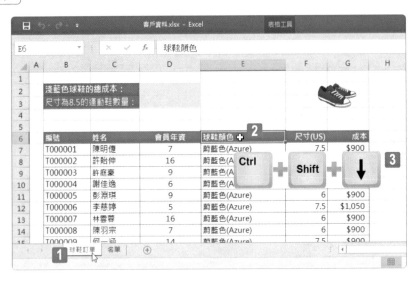

STEP **01** 開啟活頁簿檔案後，點選〔球鞋訂單〕工作表。

STEP **02** 點選儲存格 E6。

STEP **03** 然後按下 Ctrl 與 Shift 以及往下的方向鍵。

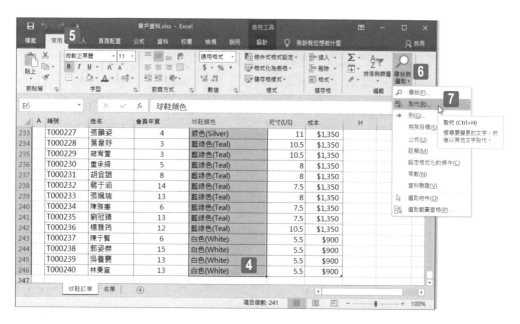

STEP04 立即選取 E6 與其下方含有資料的儲存格範圍 (直至儲存格 E246)。

STEP05 點選〔常用〕索引標籤。

STEP06 點按〔編輯〕群組裡的〔尋找與選取〕命令按鈕。

STEP07 從展開的下拉式功能選單中點選〔取代〕功能選項。

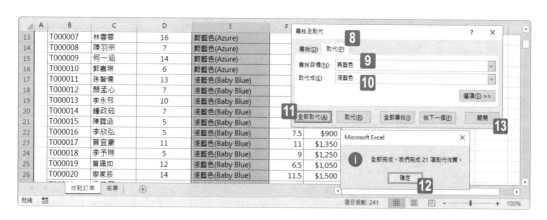

STEP08 開啟〔尋找及取代〕對話方塊並自動切換至〔取代〕頁籤。

STEP09 點按〔尋找目標〕文字方塊，輸入文字「亮藍色」。

STEP10 在〔取代成〕文字方塊裡輸入文字「淺藍色」。

STEP11 點按〔全部取代〕按鈕。

STEP12 顯示完成取代的訊息對話，點按〔確定〕按鈕。

STEP13 點按〔關閉〕按鈕，結束〔尋找及取代〕對話方塊的操作。

在〔球鞋訂單〕工作表的儲存格 D2 輸入一個公式，可以傳回有 " 淺藍色 (Baby Blue)" 球鞋的總成本，即便是增加新的資料列或資料列的順序已經改變，仍可以正確的計算出結果。

評量領域：使用公式和函數執行作業
評量目標：計算和轉換資料
評量技能：使用函數進行條件運算 SUMIF、COUNTIF

解題步驟

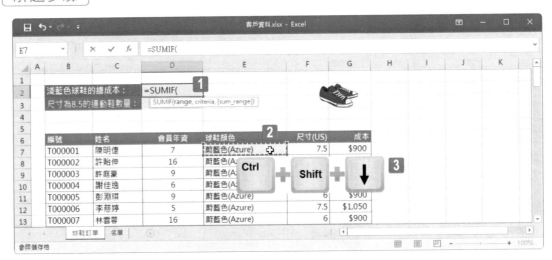

STEP**01** 點按〔球鞋訂單〕工作表裡的儲存格 **D2**，然後，在此儲存格輸入函數 **=SUMIF(**。

STEP**02** 以滑鼠左鍵點選儲存格 **E7**。

STEP**03** 然後按下 **Ctrl** 與 **Shift** 以及往下的方向鍵。

	A	B	C	D	E	F	G	H
226	T000220	蘇哲勝	5	銀色(Silver)	7.5	$1,050	
227	T000221	呂聖祥	13	銀色(Silver)	6	$900	
228	T000222	毛伊鈞		SUMIF(range, criteria, [sum_range])	11	$1,350	
229	T000223	李琦愷	11	銀色(Silver)	7.5	$1,050	
230	T000224	許明棟	7	銀色(Silver)	7	$1,050	
231	T000225	洪恩滋	2	銀色(Silver)	8	$1,350	
232	T000226	林昌廷	3	銀色(Silver)	7	$1,050	
233	T000227	張韻姿	4	銀色(Silver)	11	$1,350	
234	T000228	葉韋好	3	藍綠色(Teal)	10.5	$1,350	
235	T000229	蔣宥萱	3	藍綠色(Teal)	10.5	$1,350	
236	T000230	童承綺	5	藍綠色(Teal)	8	$1,350	
237	T000231	胡宜諠	8	藍綠色(Teal)	8	$1,350	
238	T000232	蔣于涵	14	藍綠色(Teal)	7.5	$1,350	
239	T000233	張姵瑞	13	藍綠色(Teal)	8	$1,350	
240	T000234	陳雅憲	6	藍綠色(Teal)	7.5	$1,350	
241	T000235	劉冠臻	13	藍綠色(Teal)	7.5	$1,350	
242	T000236	楊雅筠	12	藍綠色(Teal)	10.5	$1,350	
243	T000237	陳于賢	6	白色(White)	5.5	$900	
244	T000238	郭姿傑	15	白色(White)	5.5	$900	
245	T000239	吳養襄	13	白色(White)	5.5	$900	
246	T000240	林秉宣	13	白色(White)	5.5	$900	

公式列：=SUMIF(銷售[球鞋顏色] 5

STEP**04** 立即自動選取 E7 與其下方含有資料的儲存格範圍 (直至儲存格 E246)，也就是整個「球鞋顏色」資料欄位的內容。

STEP**05** 原本輸入的 SUMIF 函數裡第一個參數即為結構化參照「銷售 [球鞋顏色]」。

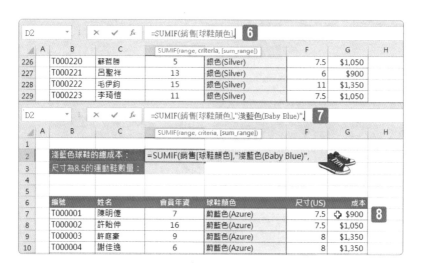

STEP**06** 輸入逗點後，公式形成「=SUMIF(銷售 [球鞋顏色],」。

STEP**07** 繼續輸入函數裡的第二個參數「" 淺藍色 (Baby Blue)"」以及逗點，形成「=SUMIF(銷售 [球鞋顏色], " 淺藍色 (Baby Blue)" ,」。

STEP**08** 以滑鼠左鍵點選儲存格 G7。

STEP**09** 然後按下 Ctrl 與 Shift 以及往下的方向鍵。

STEP**10** 第三個參數立即自動選取 G7 與其下方含有資料的儲存格範圍 (直至儲存格 G246)，也就是整個「成本」資料欄位的內容。

STEP**11** 在儲存格 D2 裡的公式變成「=SUMIF(銷售 [球鞋顏色], " 淺藍色 (Baby Blue)" , 銷售 [成本]」。

STEP**12** 最後按下小右括號與 Enter 按鍵，結束公式的輸入。

STEP**13** 完成公式的建立也看到了此函數的運算結果。

在〔球鞋訂單〕工作表的儲存格 D3 輸入一個公式，可以傳回尺寸為 "8.5" 的球鞋總銷售量。即便是訂單資料列數已經變更了，仍可以正確的計算出結果。

評量領域：使用公式和函數執行作業

評量目標：計算和轉換資料

評量技能：使用函數進行條件運算 SUMIF、COUNTIF

解題步驟

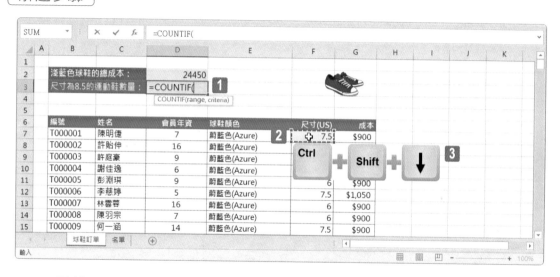

STEP**01** 點按〔球鞋訂單〕工作表裡的儲存格 D3，然後，在此儲存格輸入函數 =COUNTIF(。

STEP**02** 以滑鼠左鍵點選儲存格 F7。

STEP**03** 然後按下 Ctrl 與 Shift 以及往下的方向鍵。

STEP**04** 立即自動選取 F6 與其下方含有資料的儲存格範圍 (直至儲存格 F246)，也就是整個「尺寸 (US)」資料欄位的內容。

STEP**05** 原本輸入的 COUNTIF 函數裡第一個參數即為結構化參照「銷售 [尺寸 (US)]」。

STEP**06** 輸入逗點後再鍵入第二個參數「 "8.5"」，公式形成「=COUNTIF(銷售 [尺寸 (US)], "8.5"」。

STEP**07** 最後按下小右括號與 Enter 按鍵，結束公式的輸入。

STEP**08** 完成公式的建立也看到了此函數的運算結果。

在〔球鞋訂單〕工作表上,將〔銷售〕資料表轉換為傳統的儲存格範圍。

評量領域:管理表格和表格資料

評量目標:建立和格式化表格

評量技能:將表格轉換為儲存格範圍

解題步驟

STEP**01** 　點選〔球鞋訂單〕工作表。

STEP**02** 　點選此工作表裡資料表格所在處裡的任一儲存格位址,例如:B8。

STEP**03** 　視窗上方功能區裡立即顯示〔表格工具〕,點按其下方的〔設計〕索引標籤。

STEP**04** 　點按〔工具〕群組裡的〔轉換為範圍〕命令按鈕。

STEP**05** 　顯示確認要將資料表格轉換為一般傳統儲存格範圍的對話,點按〔是〕按鈕。

STEP**06** 原本的資料表格變成一般的範圍，但儲存格格式顏色依舊。

STEP**07** 轉換為範圍後，視窗上方功能區裡不再顯示〔表格工具〕與其相關的功能選項介面。

在〔球鞋訂單〕工作表上針對球鞋訂單這份清單新增小計,根據「球鞋顏色」欄位裡的資料進行小計,顯示每一種球鞋顏色的訂單數量,並在每一種球鞋顏色之間插入分頁。最後,總計數應該顯示在儲存格 E266。

評量領域:管理資料儲存格和範圍
評量目標:視覺化摘要資料
評量技能:資料小計、群組與大綱

解題步驟

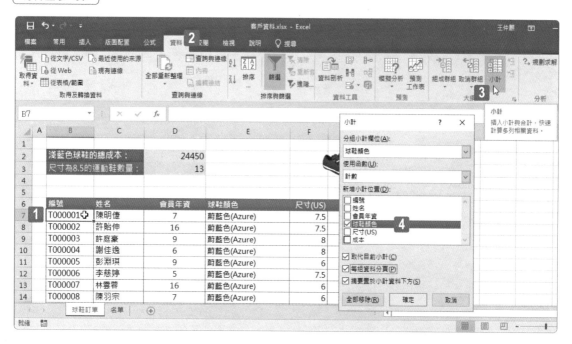

STEP**01** 點選〔球鞋訂單〕工作表裡訂單資料裡的某一儲存格,例如:儲存格 B7。

STEP**02** 點按〔資料〕索引標籤。

STEP**03** 點按〔大綱〕群組裡的〔小計〕命令按鈕。

STEP**04** 開啟〔小計〕對話方塊,選擇〔分組小計欄位〕為「球鞋顏色」、使用函數為「計數」、〔新增小計位置〕裡僅勾選「球鞋顏色」核取方塊。再勾選〔每組資料分頁〕核取方塊,最後,按下〔確定〕按鈕。

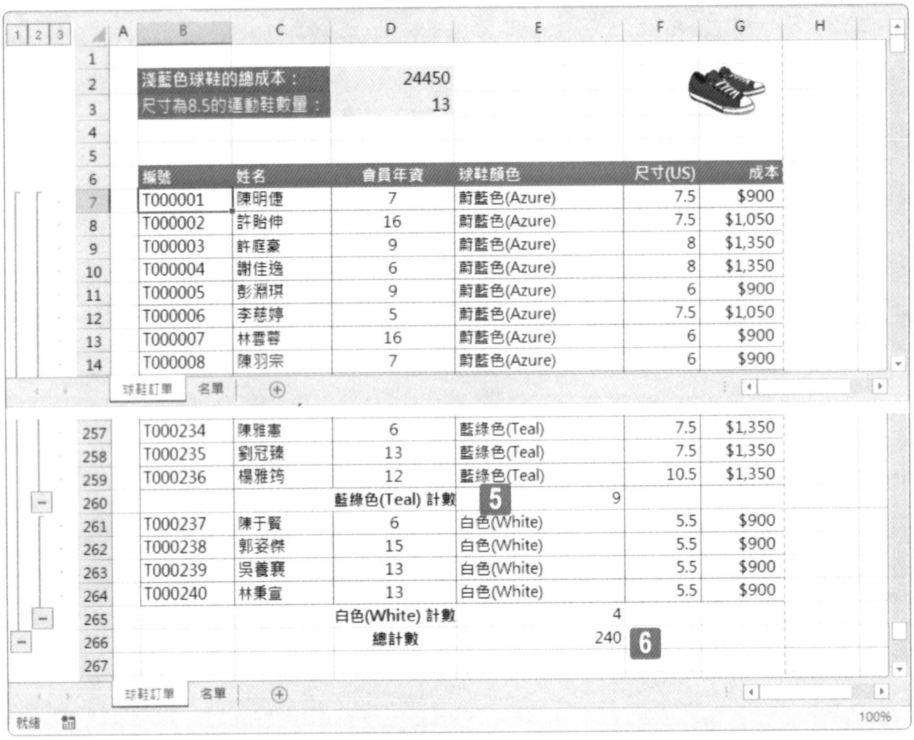

1 2 3		A	B	C	D	E	F	G	H
	1								
	2		淺藍色球鞋的總成本：		24450				
	3		尺寸為8.5的運動鞋數量：		13				
	4								
	5								
	6		編號	姓名	會員年資	球鞋顏色	尺寸(US)	成本	
	7		T000001	陳明倢	7	蔚藍色(Azure)	7.5	$900	
	8		T000002	許貽伸	16	蔚藍色(Azure)	7.5	$1,050	
	9		T000003	許庭豪	9	蔚藍色(Azure)	8	$1,350	
	10		T000004	謝佳逸	6	蔚藍色(Azure)	8	$1,350	
	11		T000005	彭�琪	9	蔚藍色(Azure)	6	$900	
	12		T000006	李慈婷	5	蔚藍色(Azure)	7.5	$1,050	
	13		T000007	林雲蓉	16	蔚藍色(Azure)	6	$900	
	14		T000008	陳羽宗	7	蔚藍色(Azure)	6	$900	

球鞋訂單　名單　＋

		A	B	C	D	E	F	G	H
	257		T000234	陳雅憲	6	藍綠色(Teal)	7.5	$1,350	
	258		T000235	劉冠臻	13	藍綠色(Teal)	7.5	$1,350	
	259		T000236	楊雅筠	12	藍綠色(Teal)	10.5	$1,350	
	260				藍綠色(Teal) 計數	**5**	9		
	261		T000237	陳于賢	6	白色(White)	5.5	$900	
	262		T000238	郭姿傑	15	白色(White)	5.5	$900	
	263		T000239	吳義襄	13	白色(White)	5.5	$900	
	264		T000240	林秉宣	13	白色(White)	5.5	$900	
	265				白色(White) 計數		4		
	266				總計數	240	**6**		
	267								

球鞋訂單　名單　＋

就緒　　　　　　　　　　　　　　　　　　　　　　　　　　　　　100%

STEP**05** 完成針對球鞋訂單的「球鞋顏色」欄位進行訂單數量的小計運算。

STEP**06** 最後完成的總計數正顯示在儲存格 E266。

在整頁模式中顯示〔名單〕工作表,然後,針對「是否為永久會員」欄位裡內容為〔是〕的名單,插入一個分頁符號,使其可以列印在第 1 頁。

評量領域:管理工作表和活頁簿

評量目標:設定內容以進行協同作業

評量技能:設定列印設定

解題步驟

STEP01　點選〔名單〕工作表。

STEP02　點按〔檢視〕索引標籤。

STEP03　點按〔活頁簿檢視〕群組內的〔整頁模式〕命令按鈕。

STEP04　切換到整頁模式的環境後,點選儲存格 A33,此儲存格位置即為黃金會員與金級會員的分界處。

STEP05　點按〔版面配置〕索引標籤。

STEP06　點按〔版面設定〕群組裡的〔分頁符號〕命令按鈕。

STEP07　從展開的下拉式功能選單中點選〔插入分頁〕功能選項。

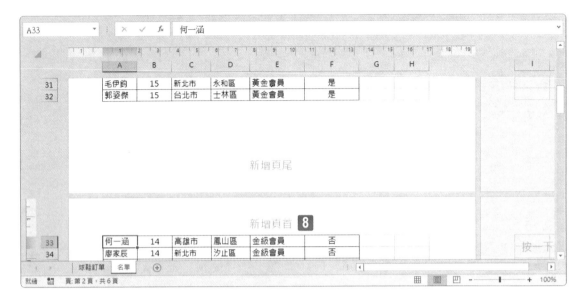

STEP**08** 金級會員及其以後的資料即輸出在下一頁。

專案 **4**　學期成績

身為通識課程的助教，您要協助教授統計班級學生參與檢定考試的成績，以及是否通過測驗的資料報表，並且建立視覺化的資訊圖表以及走勢圖表。

在此活頁簿中新增一張名為〔資訊圖表〕的工作表。

評量領域：管理工作表和活頁簿

評量目標：匯入資料至活頁簿

評量技能：新增工作表與編輯工作表

解題步驟

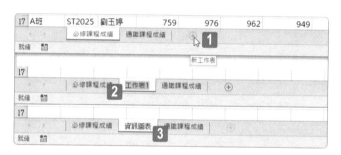

STEP**01**　開啟活頁簿檔案後，點按〔新工作表〕按鈕。

STEP**02**　添增了一個預設名稱為〔工作表 1〕的新工作表，再以滑鼠點按兩下此新工作表索引標籤，並選取預設的工作表名稱。

STEP**03**　輸入新的工作表名稱為「資訊圖表」。

在〔必修課程成績〕工作表的儲存格 J3 裡，新增一個函數，使得當儲存格 I2 的值高於 4125 時可以顯示文字 " 通過 "，否則就顯示文字 " 未通過 "。填滿 I 欄裡的儲存格內容，無論通過與否，皆能顯示每一位學生是否通過。

評量領域：使用公式和函數執行作業

評量目標：計算和轉換資料

評量技能：使用 IF() 函數執行條件式作業

解題步驟

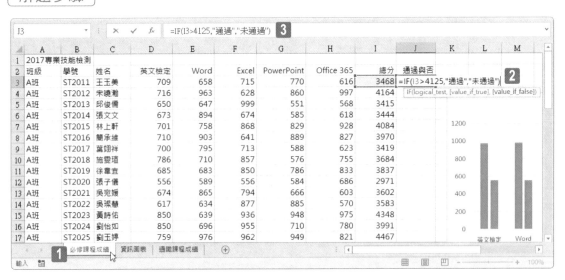

STEP01　點選〔必修課程成績〕工作表。

STEP02　點選此工作表上的儲存格 J3，並使用 IF 函數在此儲存格裡輸入公式　。

STEP03　完整的公式為「=IF(I3>4125, " 通過 ", " 未通過 ")」。

STEP 04 完成首格的公式輸入後，滑鼠游標停在選取儲存格 J3 右下方的填滿控點上，此時滑鼠游標將呈現小十字狀。

STEP 05 在填滿控點上快速點按兩下滑鼠左鍵，即自動將公式填滿整個通過與否欄位（J 欄）。

在〔必修課程成績〕工作表的儲存格 K3 上，插入一個〔直條走勢圖〕以呈現儲存格 D3:H3 的數值，然後，將最高值標示為紅色。

評量領域：管理資料儲存格和範圍
評量目標：視覺化摘要資料
評量技能：插入走勢圖

解題步驟

STEP**01** 點選〔必修課程成績〕工作表。

STEP**02** 在左上角的名稱方塊裡鍵入儲存格範圍「K3:K48」然後按下 Enter 按鍵。

STEP**03** 立即選取儲存格範圍 K3:K48。

STEP**04** 點按〔插入〕索引標籤。

STEP**05** 點按〔走勢圖〕群組裡的〔直條〕命令按鈕。

STEP**06** 開啟〔編輯走勢圖〕對話方塊，點按〔資料範圍〕文字方塊，在此輸入或選取儲存格範圍 D3:H48，然後，點按〔確定〕按鈕。

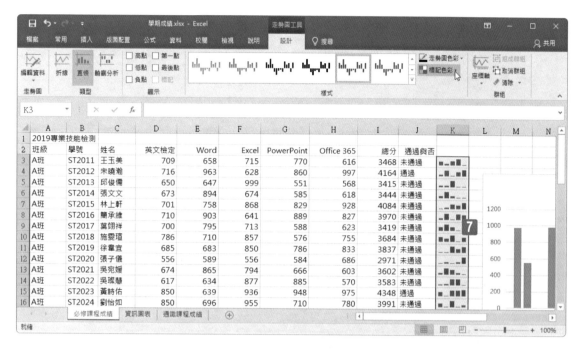

STEP**07** 立即在儲存格 **K3:K48** 裡繪製出直條走勢圖。

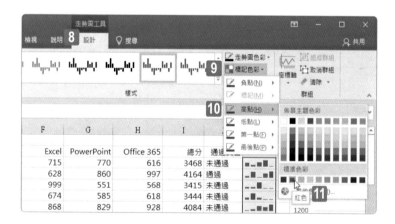

STEP**08** 點按〔走勢圖〕工具底下的〔設計〕索引標籤。

STEP**09** 點按〔樣式〕群組裡的〔標記色彩〕命令按鈕。

STEP**10** 從展開的下拉式功能選單中點選〔高點〕。

STEP**11** 再從展開的色彩副選單中點選〔紅色〕。

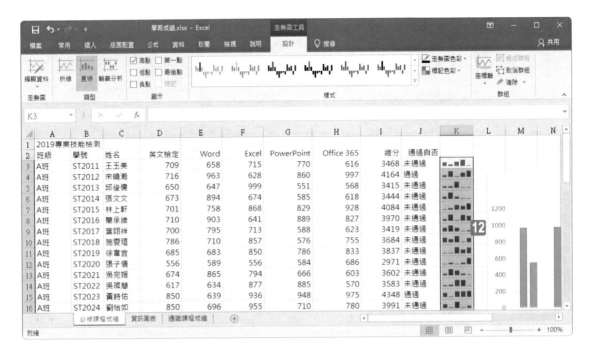

STEP**12** 直條走勢圖裡的最高點都標示為紅色直條了。

對〔必修課程成績〕工作表上的 " 必修課程成績 " 圖表，添增儲存格範圍
D51:H51 的新資料數列，並將此資料數列名稱命名為 " 平均分數 "。

評量領域：管理圖表

評量目標：修改圖表

評量技能：將資料數列新增至圖表

解題步驟

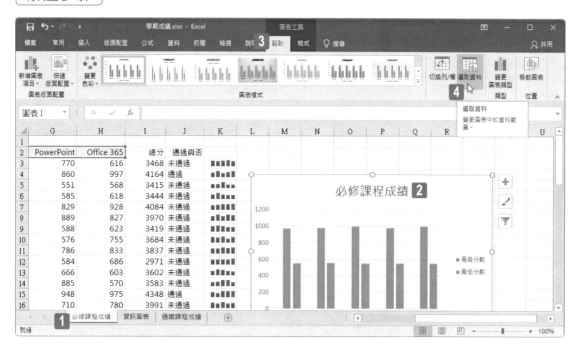

STEP**01** 點選〔必修課程成績〕工作表。

STEP**02** 點選此工作表上圖表標題為 " 必修課程成績 " 的統計圖表。

STEP**03** 點按〔圖表工具〕底下的〔設計〕索引標籤。

STEP**04** 點選〔資料〕群組裡的〔選取資料〕命令按鈕。

STEP**05** 開啟〔選取資料來源〕對話方塊，點按圖例項目類別下的〔新增〕
按鈕。

STEP**06** 開啟〔編輯數列〕對話方塊，在〔數列名稱〕文字方塊裡輸入文字「平
均分數」。

STEP**07** 在〔數列值〕文字方塊裡選取原本預設的內容「={1}」，然後按下
Delete 按鍵將其刪除，並讓插入游標仍停留在此〔數列值〕文字方
塊裡。

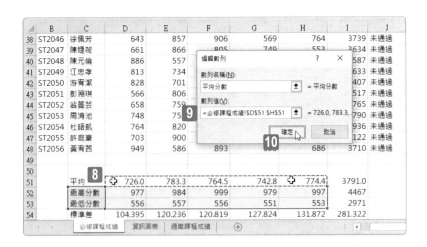

STEP**08** 以滑鼠拖曳選取〔必修課程成績〕工作表上的儲存格範圍 D51:H51。

STEP**09** 〔數列值〕文字方塊裡立即顯示選取的儲存格範圍位址。

STEP**10** 點按〔確定〕按鈕，結束〔編輯數列〕對話方塊的操作。

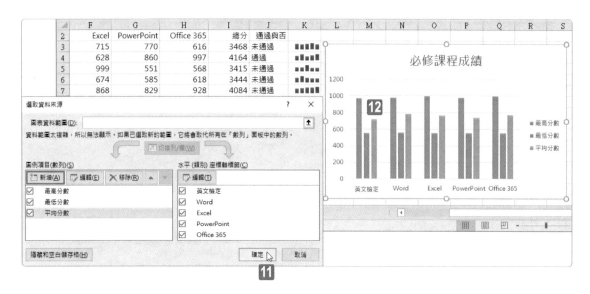

STEP**11** 回到〔選取資料來源〕對話方塊，點按〔確定〕按鈕。

STEP**12** 隨即完成平均分數資料數列的添增。

顯示〔通識課程成績〕工作表上儲存格裡的公式。

評量領域：管理工作表和活頁簿
評量目標：自訂選項和檢視
評量技能：顯示公式

解題步驟

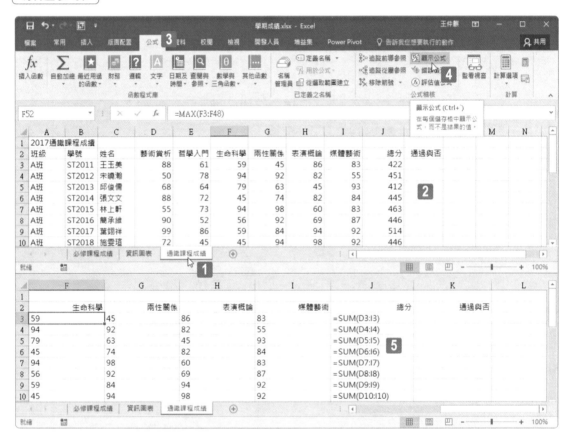

STEP **01** 　點選〔通識課程成績〕工作表。

STEP **02** 　點選此工作表上的任一儲存格。

STEP **03** 　點按〔公式〕索引標籤。

STEP **04** 　點按〔公式稽核〕群組裡的〔顯示公式〕命令按鈕。

STEP **05** 　工作表上原本呈現公式的結果，已立即變成其完整公式的顯示。

1 — 2 — 3 — 4 — 5 — 6

新增文字 "2019 學期 " 至此文件其摘要資訊的〔標題〕屬性，並新增文字 " 通識課程成績 " 至此文件其摘要資訊的〔類別〕屬性。

評量領域：管理工作表和活頁簿
評量目標：自訂選項和檢視
評量技能：修改基本的活頁簿屬性

解題步驟

STEP **01** 點按〔檔案〕索引標籤。

STEP **02** 進入後台管理頁面，點按〔資訊〕選項。

STEP **03** 點按資訊頁面右側〔標題〕旁的文字方塊。

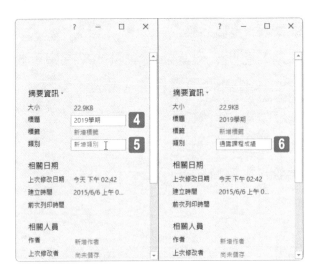

STEP04　在〔標題〕文字方塊裡輸入文字「2019 學期」。

STEP05　點按〔類別〕旁的文字方塊。

STEP06　在〔類別〕文字方塊裡輸入文字「通識課程成績」。

專案 **5**　成本分析報告

您在訓練單位的財務部門工作，公司在各縣市有設立據點，您正準備匯入成本支出的外來檔案，建立並製作支出明細資料表，並進行各成本中心各月份的成本計算、調整指定縣市的小計圖表、搬移訓練成果的統計圖表，以及繪製重要的成本分析立體圖表。

| 1 | 2 | 3 | 4 | 5 | 6 |

從〔成本支出資料〕工作表的儲存格 A2 開始，匯入位於資料夾裡的〔成本支出資料 .csv〕檔案的內容，選擇以逗點為欄位分隔符號。(接受所有其他預設值。)

評量領域：管理工作表和活頁簿
評量目標：匯入資料至活頁簿
評量技能：從 .csv 檔案匯入資料

解題步驟

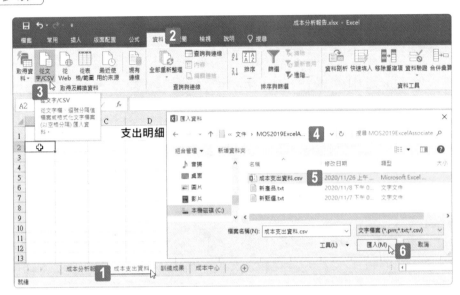

STEP **01** 開啟活頁簿檔案後，點選〔成本支出資料〕工作表。

STEP **02** 點按〔資料〕索引標籤。

STEP **03** 點按〔取得及轉換資料〕群組裡的〔從文字 /CSV〕命令按鈕。

STEP **04** 開啟〔匯入資料〕對話方塊，點選檔案路徑。

STEP **05** 點選〔成本支出資料 .csv〕文字檔。

STEP **06** 點按〔匯入〕按鈕。

STEP**07** 開啟匯入文字的對話視窗,在此預覽〔成本支出資料 .csv〕文字檔的內容,亦可改變分隔符號的選項。

STEP**08** 維持仍以逗點符號分隔資料欄位。

STEP**09** 點按〔編輯〕按鈕。

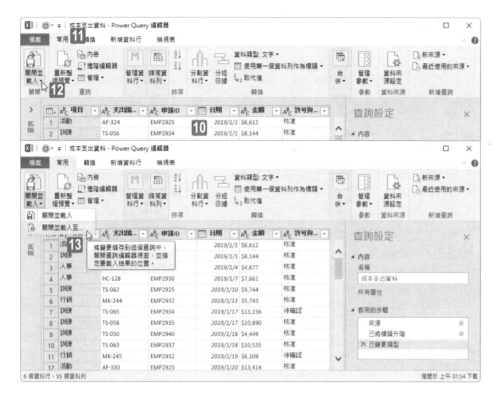

STEP**10** 進入 Power Query 查詢編輯器視窗,在此可以預覽並調整匯入的文字之格式與查詢內容。

STEP**11** 不需做任何修改,點按〔常用〕索引標籤。

STEP**12** 點按〔關閉〕群組裡〔關閉並載入〕命令按鈕的下半部按鈕。

STEP**13** 從展開的下拉式功能選單中點選〔關閉並載入至…〕功能選項。

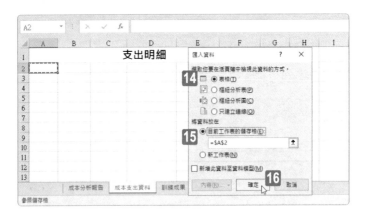

STEP**14** 開啟〔匯入資料〕對話方塊,點選〔表格〕選項。

STEP**15** 點選〔將資料放在〕選項底下的〔目前工作表的儲存格〕,並輸入或點選儲存格位址 **A2**。

STEP**16** 點按〔確定〕按鈕。

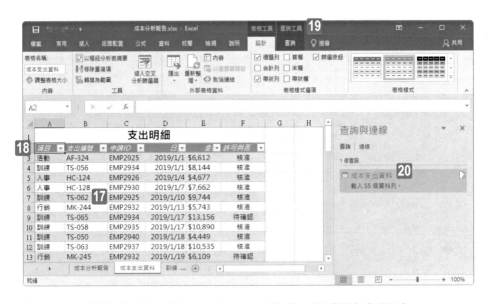

STEP**17** 完成文字檔案的匯入並在工作表上形成一張新的資料表。

STEP**18** 由於是透過 Power Query 查詢編輯器完成外部資料的匯入,因此也建立了一個新的查詢,當作用中的儲存格是停留在此匯入的資料表裡的任意儲存格位址 (例如 **A2**)。

STEP**19** 視窗上方會有〔查詢工具〕的顯示。

STEP**20** 視窗右側會開啟〔查詢與連線〕工作窗格,而預設的查詢名稱即與匯入的檔案同名。

在〔成本中心〕工作表上，在資料表中新增可自動計算「成本小計」的合計列。

評量領域：管理表格和表格資料
評量目標：修改表格
評量技能：插入和設定合計列

解題步驟

STEP**01** 點選〔成本中心〕工作表。

STEP**02** 點選此工作表裡資料表內的任一儲存格，例如：儲存格 **F18**。

STEP**03** 點按〔資料表工具〕底下的〔設計〕索引標籤。

STEP**04** 勾選〔表格樣式選項〕群組內的〔合計列〕核取方塊。

STEP**05** 資料表底部立即新增此資料表的加總合計列，並顯示成本小計的加總結果。

在〔成本中心〕工作表上，重新調整〔新北市成本小計〕圖表的大小，使其僅能疊覆在儲存格範圍 H10 到 L15 的範圍上。

評量領域：管理圖表

評量目標：修改圖表

評量技能：修改圖表大小與調整圖表位置

解題步驟

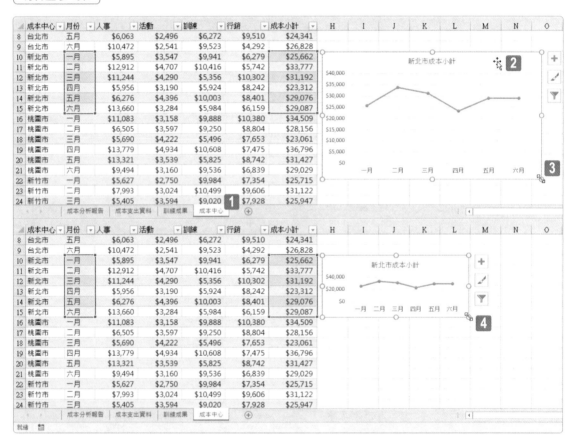

STEP 01　點選〔成本中心〕工作表。

STEP 02　點選工作表上的統計圖表。

STEP 03　滑鼠拖曳圖表右下角的縮放控點（滑鼠游標將呈現雙箭頭狀）。

STEP 04　往左上方拖曳以改變統計圖表的大小，調整至符合圖表大小位於儲存格範圍 H10 到 L15 之內。

將〔訓練成果〕工作表上的〔各月份各種課程訓練人次總計〕折線圖表搬移到新的圖表工作表上,並將圖表工作表名稱命名為「各課程每月訓練人次總計」。

評量領域:管理圖表

評量目標:修改圖表

評量技能:修改圖表大小與調整圖表位置

解題步驟

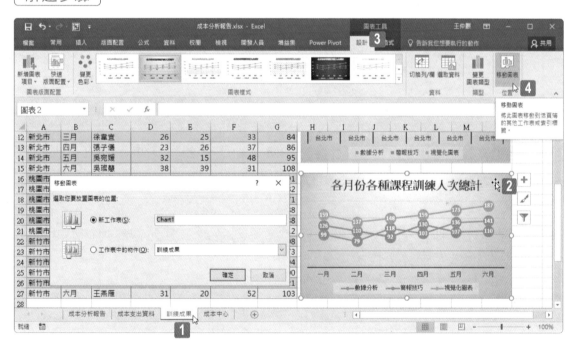

STEP**01** 點選〔訓練成果〕工作表。

STEP**02** 點選工作表上圖表標題為〔各月份各種課程訓練人次總計〕的折線圖表。

STEP**03** 點選功能區裡〔圖表工具〕底下的〔設計〕索引標籤。

STEP**04** 點按〔位置〕群組裡的〔移動圖表〕命令按鈕。

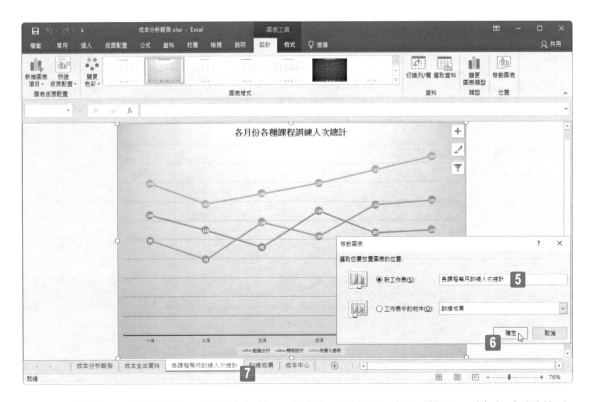

STEP**05** 開啟〔移動圖表〕對話方塊，點選〔新工作表〕選項，並在右側的文字方塊裡面輸入文字「各課程每月訓練人次總計」。

STEP**06** 點按〔確定〕按鈕。

STEP**07** 原本在工作表上的統計圖表已經搬移到名為〔各課程每月訓練人次總計〕的獨立圖表工作表上。

在〔成本中心〕工作表上，修改〔新竹市各項目每月成本〕圖表，讓項目顯示在水平座標軸，並以月份為數列。

評量領域：管理圖表

評量目標：修改圖表

評量技能：在來源資料的列和欄之間進行切換

解題步驟

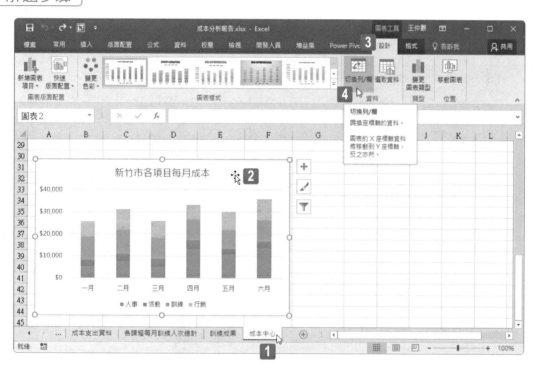

STEP**01**　點選〔成本中心〕工作表。

STEP**02**　點選工作表裡圖表標題為〔新竹市各項目每月成本〕的統計圖表。

STEP**03**　點選功能區裡〔圖表工具〕底下的〔設計〕索引標籤。

STEP**04**　點按〔資料〕群組裡的〔切換列/欄〕命令按鈕。

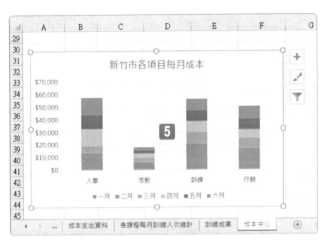

STEP05 統計圖表立即進行欄列的切換。意即資料數列與水平類別項目進行互換。

在〔成本分析報告〕工作表上，以「成本項目」為資料數列、以各「月份」為類別座標軸，建立一個寬度為 18 公分、高度為 8 公分的〔立體群組直條圖〕圖表，並將此圖表搬移至資料表格的下方，實際位置不拘。

評量領域：管理圖表
評量目標：建立圖表
評量技能：建立圖表工作表

解題步驟

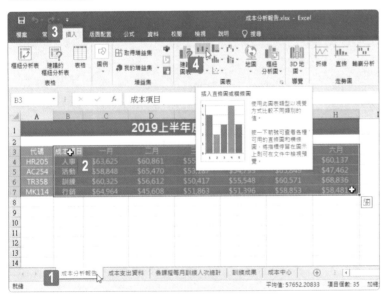

STEP01 點選〔成本分析報告〕工作表。

STEP02 選取儲存格範圍 B3:H7。

STEP03 點選〔插入〕索引標籤。

STEP04 點按〔圖表〕群組裡的〔插入直條圖或橫條圖〕命令按鈕。

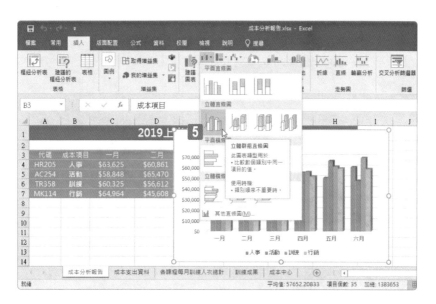

STEP05 從展開的圖表類型選單中點選〔立體群組直條圖〕。

STEP06 產生〔立體群組直條圖〕後點按〔圖表工具〕底下的〔格式〕索引
標籤。

STEP07 在〔大小〕群組裡分別設定圖表的高度為 8 公分、寬度為 18 公分

STEP08 點選圖表並拖曳圖表,搬移至資料表格下方 (第 8 列或第 8 列以下)。

專案 **6** 捐款

CCNY 科技大學的大部分捐款是來自校友的捐贈。您是處理相關事宜的協辦人員，正在準備整理捐款校友通訊錄，並建立一份可以顯示校友捐款統計與捐款清單的報告與圖表。

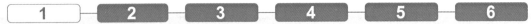

在〔捐款校友通訊錄〕工作表的「公司電話」欄位右側，新增一個欄位名稱為「行動電話」的欄位。

評量領域：管理表格和表格資料

評量目標：修改表格

評量技能：新增或移除表格列和欄

解題步驟

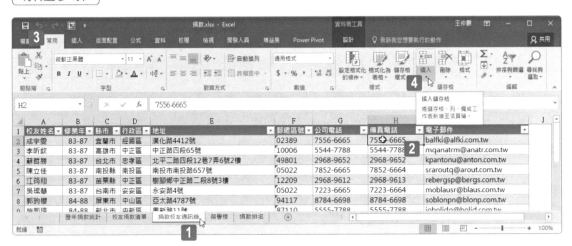

STEP **01** 開啟活頁簿檔案後，點選〔捐款校友通訊錄〕工作表。

STEP **02** 以滑鼠右鍵點選 H 欄〔傳真電話〕欄位裡的任一儲存格。

STEP **03** 點按〔常用〕索引標籤。

STEP **04** 點按〔儲存格〕群組裡的〔插入〕命令按鈕。

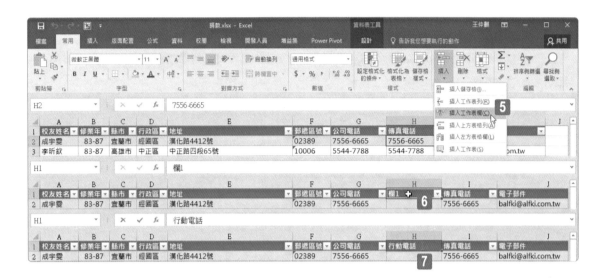

STEP **05** 　從展開的功能選單中點按〔插入工作表欄〕功能選項。

STEP **06** 　立即在工作表的「傳真電話」欄位左側，也就是「公司電話」欄位右側，添增了預設欄名為 " 欄 1" 的新欄位 (H 欄)。點按此欄的欄名儲存格 (H1)。

STEP **07** 　輸入新的欄位名稱為「行動電話」。

在〔歷年捐款統計〕工作表上,將〔捐款榮譽〕資料表變更為一般的儲存格,但保留儲存格格式。

評量領域:管理表格和表格資料
評量目標:建立和格式化表格
評量技能:將表格轉換為儲存格範圍

解題步驟

STEP **01** 點選〔歷年捐款統計〕工作表。

STEP **02** 點選〔捐款榮譽〕資料表格裡的任一儲存格。

STEP **03** 點按〔資料表工具〕底下〔設計〕索引標籤。

STEP **04** 點按〔工具〕群組內的〔轉換為範圍〕命令按鈕。

STEP **05** 開啟您要將表格轉換為一般範圍的確認對話,點按〔是〕按鈕。

複製〔捐款排名〕工作表上的儲存格範圍 B56:D65 至〔榮譽榜〕工作表的儲存格範圍 A4:C13。

評量領域：管理工作表和活頁簿

評量目標：匯入資料至活頁簿

評量技能：複製與貼上

解題步驟

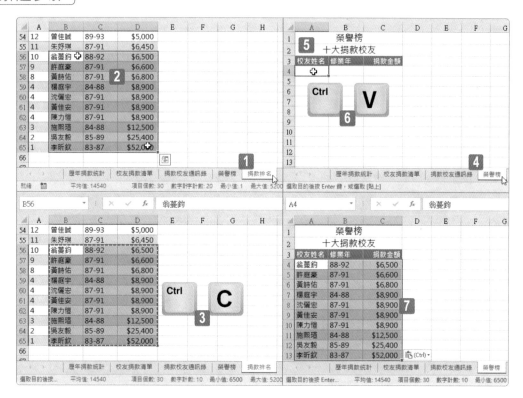

STEP **01** 點選〔捐款排名〕工作表。

STEP **02** 選取儲存格範圍 B56:D65。

STEP **03** 點按 Ctrl+C 按鍵以複製選取範圍。

STEP **04** 點選〔榮譽榜〕工作表。

STEP **05** 點選儲存格 A4。

STEP **06** 點按 Ctrl+V 按鍵以貼上剛剛複製的範圍。

STEP **07** 完成資料範圍的複製與貼上。

在〔校友捐款清單〕工作表上，建立一個〔矩形式樹狀結構圖〕圖表，可以根據「修業年」顯示「捐款總額」。圖表標題設定為文字「根據修業年的捐款」，顯示在圖表上方，並顯示資料標籤的內容為「修業年」及「捐款總額」。

評量領域：管理圖表

評量目標：建立圖表

評量技能：建立圖表

解題步驟

STEP 01 點選〔校友捐款清單〕工作表。

STEP 02 選取儲存格範圍 I1:I9。

STEP 03 按住 Ctrl 按鍵不放，再以滑鼠複選第二個儲存格範圍 K1:K9。

STEP 04 點選〔插入〕索引標籤。

STEP 05 點按〔圖表〕群組裡的〔插入階層圖圖表〕命令按鈕。

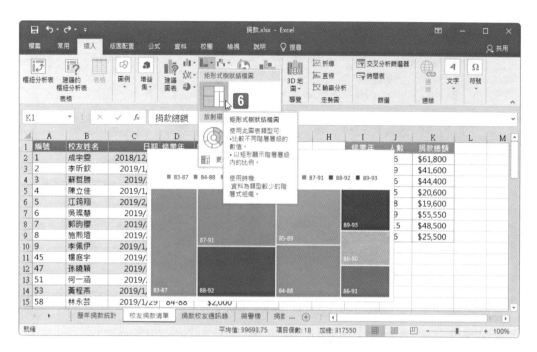

STEP **06**　從展開的圖表類型選單中點選〔矩形式樹狀結構圖〕。

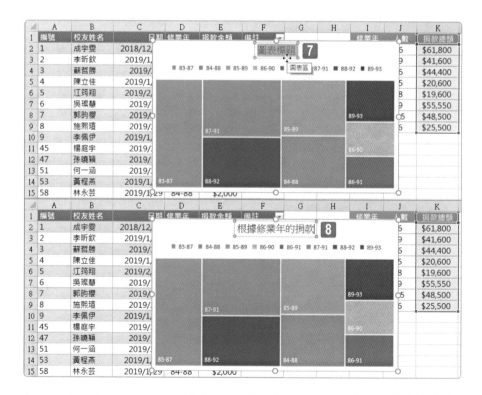

STEP **07**　產生〔矩形式樹狀結構圖〕後點選圖表標題,並選取裡面的文字。

STEP **08**　輸入新的圖表標題文字「根據修業年的捐款」。

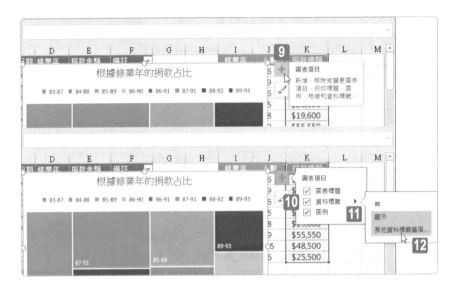

^{STEP}**09** 點按圖表右上方的「+」圖表項目按鈕。

^{STEP}**10** 從展開的圖表項目功能選單中勾選〔資料標籤〕核取方塊。

^{STEP}**11** 滑鼠游標移至〔資料標籤〕選項右側的三角形按鈕。

^{STEP}**12** 從展開的副功能選單中點選〔其他資料標籤選項〕。

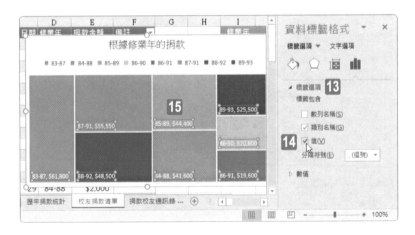

^{STEP}**13** 畫面右側開啟〔資料標籤格式〕工作窗格,點選〔標籤選項〕。

^{STEP}**14** 展開資料標籤選項後,勾選標籤包含〔值〕核取方塊。

^{STEP}**15** 圖表上立即同時顯示類別名稱(修業年)以及值(捐款總額)。

在〔捐款校友通訊錄〕工作表中篩選符合來自雙北市 (台北市與新北市) 校友的資料記錄。

評量領域：管理表格和表格資料

評量目標：篩選和排序表格資料

評量技能：篩選記錄

解題步驟

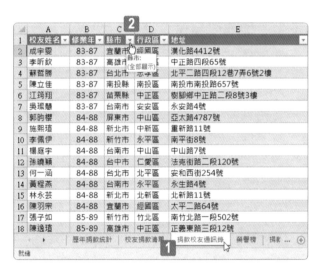

STEP**01**　點選〔捐款校友通訊錄〕工作表。

STEP**02**　點選「縣市」欄位旁的三角形排序篩選按鈕 (位於儲存格 C1)。

STEP**03** 從展開的選單中，取消「全選」核取方塊。

STEP**04** 僅勾選「台北市」核取方塊。

STEP**05** 捲動至選單底部再勾選「新北市」核取方塊。

STEP**06** 點按〔確定〕按鈕。

	A	B	C	D	E	F	G	H	I
1	校友姓名	修業年	縣市	行政區	地址	郵遞區號	公司電話	行動電話	傳真電話
4	蘇哲勝	83-87	台北市	忠孝區	北平二路四段12巷7弄6號2樓	49801	2968-9652		2968-96
9	施熙瑄	84-88	新北市	中新區	重新路11號	87110	5555-7788		5555-77
13	何一涵	84-88	台北市	北平區	安和西街254號	99508	3247-9682		3247-96
15	林永芸	84-88	新北市	北新區	北新路11號	15985	6245-9556		6245-95
21	翁霏羽	85-89	台北市	北平區	忠孝南路七段258號	13008	3247-9682		3247-96
22	毛伊鈞	85-89	台北市	忠孝區	愛華路一段44號	05487	2968-9652		2968-96
27	陳子宏	86-90	台北市	北平區	中山北路一段45號	28023	2221-2555		2221-25
28	江雅璧	86-91	台北市	北平區	和平路9號	78000	3247-9682		3247-96
30	徐霙甄	86-91	新北市	中新區	民德路3160號	10006	5555-7788		5555-77
32	張以璧	86-91	台北市	北平區	泰陽街258號2樓	51100	3247-9682		3247-96
33	施玉毅	86-91	新北市	中新區	三重路101號	30126	5555-7788		5555-77
37	吳佳亭	87-91	台北市	北平區	安平西路2587號	07554	2221-2555		2221-25
42	黃佳安	87-91	新北市	中新區	中新路二段999號	50222	5555-7788		5555-77
44	黃詩佑	87-91	台北市	松山區	民權東路三段15號十樓	10606	2)5087883		2)50878
45	陳嘉傑	88-92	台北市	忠孝區	新生南路一段151180號	12209	2968-9652		2968-96
53	曾宜豪	88-92	台北市	忠孝區	中興路四段3號	97403	2968-9652		2968-96
58	許浹瑜	88-92	台北市	北平區	中華路一段42號3樓之一	10058	4391-6932		4391-69

就緒 從 64 中找出 18 筆記錄 7

STEP**07** 64 筆資料中有 18 筆資料是符合雙北市的資料記錄。

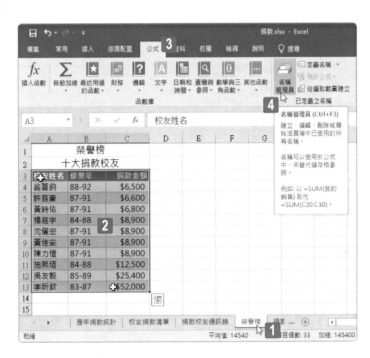

1 **2** **3** **4** **5** **6**

將〔榮譽榜〕工作表裡的儲存格範圍 A3:C13，命名為「十大捐款校友」，
並規範此範圍名稱的有效領域僅在於〔榮譽榜〕工作表內。

評量領域：管理資料儲存格和範圍
評量目標：定義和參照已命名的範圍
評量技能：定義已命名的範圍

解題步驟

STEP**01** 點選〔榮譽榜〕工作表。

STEP**02** 選取儲存格範圍 A3:C13。

STEP**03** 點按〔公式〕索引標籤。

STEP**04** 點按〔已定義之名稱〕群組裡的〔名稱管理員〕命令按鈕。

STEP**05** 開啟〔名稱管理員〕對話方塊，點按〔新增〕按鈕。

STEP**06** 開啟〔新名稱〕對話方塊，輸入名稱為「十大捐款校友」。

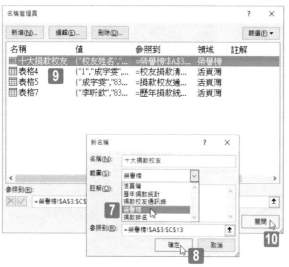

STEP**07** 在〔新名稱〕對話方塊裡的〔範圍〕下拉式選單中，點選〔榮譽榜〕工作表名稱。

STEP**08** 點按〔確定〕按鈕。

STEP**09** 回到〔名稱管理員〕對話方塊，可在此看到剛剛新建立的範圍名稱「十大捐款校友」是僅隸屬於〔榮譽榜〕工作表的領域，而非整個活頁簿的領域。

STEP**10** 點按〔關閉〕按鈕。

STEP**11** 回到工作表時，若選取的範圍是已經命名的儲存格範圍，在工作表左上方的名稱方塊裡亦可看到該範圍名稱。

MOS 國際認證應考指南--Microsoft Excel Associate｜Exam MO-200

作　　　者：王仲麒
企劃編輯：郭季柔
文字編輯：詹祐甯
設計裝幀：張寶莉
發 行 人：廖文良

發 行 所：碁峰資訊股份有限公司
地　　址：台北市南港區三重路 66 號 7 樓之 6
電　　話：(02)2788-2408
傳　　真：(02)8192-4433
網　　站：www.gotop.com.tw
書　　號：AER056900
版　　次：2021 年 04 月初版
　　　　　2024 年 06 月初版二刷
建議售價：NT$450

國家圖書館出版品預行編目資料

MOS 國際認證應考指南：Microsoft Excel Associate Exam MO-
　200 / 王仲麒著. -- 初版. -- 臺北市：碁峰資訊, 2021.04
　　面；　　公分
　ISBN 978-986-502-767-4(平裝)
　1.EXCEL(電腦程式)　2.考試指南
312.49E9　　　　　　　　　　　　　　　　　110003459